Herausgeber:

Prof. Dr. *A. Davison* Department of Chemistry, Massachusetts Institute
of Technology, Cambridge, MA 02139, USA

Prof. Dr. *M. J. S. Dewar* Department of Chemistry, The University of Texas
Austin, TX 7812, USA

Prof. Dr. *K. Hafner* Institut für Organische Chemie der TH
6100 Darmstadt, Schloßgartenstraße 2

Prof. Dr. *E. Heilbronner* Physikalisch-Chemisches Institut der Universität
CH-4000 Basel, Klingelbergstraße 80

Prof. Dr. *U. Hofmann* Institut für Anorganische Chemie der Universität
6900 Heidelberg 1, Tiergartenstraße

Prof. Dr. *K. Niedenzu* University of Kentucky, College of Arts and Sciences
Department of Chemistry, Lexington, KY 40506, USA

Prof. Dr. *Kl. Schäfer* Institut für Physikalische Chemie der Universität
6900 Heidelberg 1, Tiergartenstraße

Prof. Dr. *G. Wittig* Institut für Organische Chemie der Universität
6900 Heidelberg 1, Tiergartenstraße

Schriftleitung:

Dipl.-Chem. *F. Boschke* Springer-Verlag, 6900 Heidelberg 1, Postfach 1780

Springer-Verlag 6900 Heidelberg 1 · Postfach 1780
Telefon (06221) 49101 · Telex 04-61723
1000 Berlin 33 · Heidelberger Platz 3
Telefon (0311) 822001 · Telex 01-83319

Springer-Verlag New York, NY 10010 · 175, Fifth Avenue
New York Inc. Telefon 673-2660

20 Fortschritte der chemischen Forschung
Topics in Current Chemistry

The Chemistry of Organophosphorus Compounds II

Springer-Verlag
Berlin Heidelberg GmbH 1971

ISBN 978-3-540-05459-7   ISBN 978-3-540-36550-1 (eBook)
DOI 10.1007/978-3-540-36550-1

Library of Congress Catalog Card Number 51-5497.

Contents

Neuere Reaktionen von Phosphinalkylenen und ihre präparativen Aspekte

Prof. Dr. H. J. Bestmann und Dr. R. Zimmermann

Institut für Organische Chemie der Universität Erlangen-Nürnberg

Inhalt

Inhalt

2

3

Inhalt

A. Einleitung

Vor einigen Jahren wurde über neue Reaktionen von Phosphinalkylenen und ihre präparativen Möglichkeiten ausführlich berichtet [1]. Am Schluß dieser Zusammenfassung wurde schon darauf hingewiesen, daß die Entwicklung der Chemie der Phosphinalkylene noch nicht ihren Höhepunkt überschritten hätte. Die in der Zwischenzeit erschienenen Publikationen auf diesem Gebiet haben diese Annahme voll bestätigt. Es erscheint daher angebracht, erneut einen zusammenfassenden Überblick über die jüngsten Entwicklungen der präparativen Anwendbarkeit der Phosphinalkylene zu geben, wobei eine enge Anlehnung an die Gliederung der früheren Übersicht erfolgen soll.

B. Zur Umylidierung

Die Grundlage vieler Synthesemöglichkeiten, insbesondere solcher, die sich aus der Reaktion von Halogenverbindungen mit Phosphinalkylenen herleiten [1], ist die von uns 1960 gefundene Umylidierung [2], die auf einem Protonenübergang zwischen Yliden und Phosphoniumsalzen beruht. Sie wurde schon früher ausführlich diskutiert [1,2]. Dieser sehr schnell erfolgende Protonenaustausch konnte inzwischen durch H—NMR-Untersuchungen vollauf bestätigt werden [3].

So zeigt z.B. das H—NMR-Spektrum des Äthyliden-triphenylphosphorans *1* eine bemerkenswerte Temperaturabhängigkeit [3b,f]. Bei Raumtemperatur erscheint das α—H-Atom als doppeltes Quartett, das bei erhöhter Temperatur in ein breites Singulett übergeht. Die Protonen der CH$_3$-Gruppe ergeben bei Zimmertemperatur ein zweifaches Dublett, aus dem bei 70—80 °C ein einfaches Dublett, hervorgerufen durch die Kopplung mit dem Phosphor, wird. Dieses Ergebnis zeigt, daß bei erhöhter Temperatur keine Kopplung zwischen dem α—H-Atom und der CH$_3$-Gruppe erfolgt.

$$\overset{\alpha}{\underset{|}{H}}$$
$$(C_6H_5)_3P=C-CH_3\beta$$

1

Daß dieser Effekt auf einem schnellen Protonenaustausch (Umylidierung) zwischen *1* und wenig als Verunreinigung vorhandenem korrespondierendem Phosphoniumsalz beruht, konnte durch Zugabe eben jenes Phosphoniumsalzes oder Spuren von Säuren zu *1* bewiesen werden. Unter diesen Bedingungen erscheint das α-Proton schon bei niederer Temperatur als breites Singulett und die CH$_3$-Gruppe als einzelnes Dublett. Weiter konnte mittels der H—NMR-Spektroskopie nachgewiesen werden, daß in einer Mischung äquimolarer Mengen des Ylides *1* und des in der Methylengruppe deuterierten Methylentriphenylphosphorans *2* durch Spuren von Säuren oder Phosphoniumsalzen ein Deuteriumaustausch erfolgt [3b,f,g].

$$\underset{1}{(C_6H_5)_3P{=}\overset{\overset{\textstyle H}{\textstyle |}}{C}{-}CH_3} \;+\; \underset{2}{(C_6H_5)_3P{=}CD_2} \;\xrightarrow{\;HCl\;}\; (C_6H_5)_3P{=}CDH \;+\; (C_6H_5)_3P{=}\overset{\overset{\textstyle D}{\textstyle |}}{C}{-}CH_3$$

Zum Problem, ob die Protonenwanderung in gewissen Fällen [3c] intra- oder intermolekular verläuft, sei auf theoretische Überlegungen von Hoffmann und Boyd verwiesen [4].

C. Darstellung von Phosphoniumsalzen

H. Freyschlag et al. berichten zusammenfassend über die Bildung von Phosphoniumsalzen der Vitamin A-Reihe, die nach folgendem Schema verläuft[5]:

$$R{-}OH \;+\; (C_6H_5)_3P \cdot HX \;\xrightarrow{-H_2O}\; [(C_6H_5)_3\overset{\oplus}{P}{-}R]\; X^{\ominus}$$

Phosphoniumsalze enthält man weiter bei der Umsetzung von Chlorameisensäureestern mit Triphenylphosphin [6].

$$R{-}O{-}\underset{\underset{O}{\|}}{C}{-}Cl \;+\; P(C_6H_5)_3 \;\xrightarrow{-CO_2}\; [R{-}\overset{\oplus}{P}(C_6H_5)_3]\; Cl^{\ominus}$$

Sulfonsäureester 3 und Triphenylphosphin reagieren in inerten Lösungsmitteln zu Phosphoniumsulfonaten 4, aus denen sich mit Basen die korrespondierenden Ylide gewinnen lassen [7].

$$\underset{3}{(C_6H_5)_3P} \;+\; R^1{-}SO_2{-}OR^2 \;\longrightarrow\; \underset{4}{[(C_6H_5)_3\overset{\oplus}{P}{-}R^2]^{\ominus}OSO_2R^1}$$

Aus α-Brom-γ-butyrolacton 5 erhält man mit Triphenylphosphin leicht das Phosphoniumsalz 6 [8]. Die Thermolyse von 6 ergibt unter CO_2-Entwicklung quantitativ Cyclopropyl-triphenylphosphoniumbromid 7 [9],

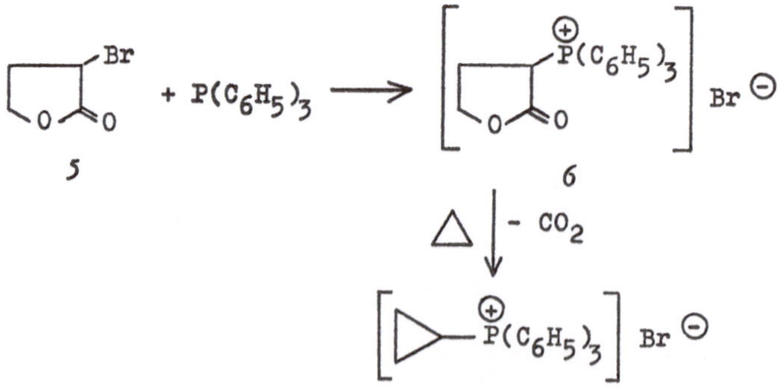

das als Ausgangssubstanz für die Synthese mannigfaltigster Cyclopropanderivate präparative Bedeutung hat [10,11,12)].

Setzt man 2-Bromphenaethol *8* mit Triphenylphosphin um, so erhält
man das Phosphoniumsalz *9*, das beim Erhitzen in Essigester das präparativ interessante Vinyltriphenyl-phosphoniumbromid *10* liefert [13)].

$$C_6H_5O-CH_2-CH_2-Br \ + \ P(C_6H_5)_3 \ \longrightarrow \ [C_6H_5O-CH_2-CH_2-\overset{\oplus}{P}(C_6H_5)_3]Br^{\ominus}$$

8   *9*

$$\Delta \downarrow \ -C_4H_8OH$$

$$[CH_2=CH-\overset{\oplus}{P}(C_6H_5)_3]Br^{\ominus}$$

10

β-Chlorvinylketone *11* reagieren mit Triphenylphosphin glatt zu
β-Acyl-vinylphosphoniumsalzen *12*, deren Reaktionen studiert wurden [14)].

$$(C_6H_5)_3P \ + \ Cl-CH=CH-COR \ \longrightarrow \ [(C_6H_5)_3\overset{\oplus}{P}-CH=CH-COR]Cl^{\ominus}$$

11   *12*

Aus Triphenylphosphin-dibromid *13* und N-metallierten Pyrrolen *14*
oder Indolen *16* erhält man Phosphoniumsalze *15* und *17*, über deren
Umsetzungsmöglichkeiten berichtet wird [15)].

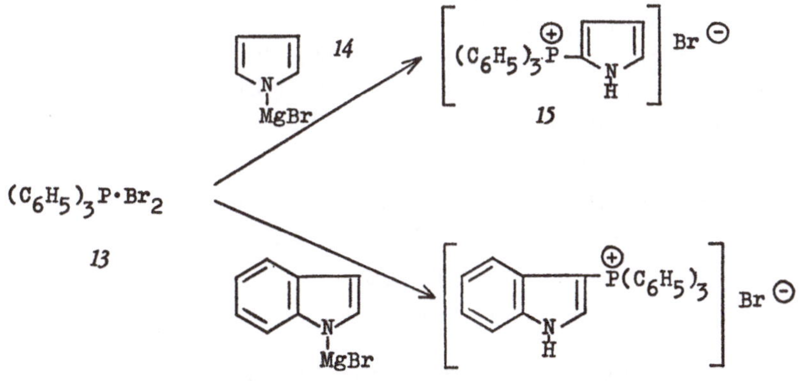

Auf die Bildung von Phosphoniumsalzen, die aus der Reaktion von
Phosphinalkylenen mit Halogenverbindungen resultieren, wird weiter
unten eingegangen werden.

9

D. Darstellung von Phosphinalkylenen

Als Basen für die Freisetzung von Yliden *19* aus den korrespondierenden Phosphoniumsalzen *18* nach folgendem allgemeinen Schema:

$$[(C_6H_5)_3\overset{\oplus}{P}-CH_2-R]X^{\ominus} \xrightarrow{\text{Base}} (C_6H_5)_3P=CH-R$$

$$18 \qquad\qquad\qquad\qquad 19$$

haben sich in letzter Zeit Na-t-Amylat [16] und das durch Lösen von Kalium in Hexamethylphosphorsäuretriamid (HMPT) entstehende Basengemisch $O=\overset{\ominus}{P}(N(CH_3)_2)_2$ und $\overset{\ominus}{N}(CH_3)_2$ sehr bewährt [17]. HMPT als Lösungsmittel hat den Vorteil, daß es eine Reihe von Ylidreaktionen besonders beschleunigt und in bestimmte Richtungen lenkt [17].

Salzfreie, kristalline Alkylidentriphenylphosphorane *19* lassen sich durch Umsetzung der Phosphoniumsalze *18* mit Natriumamid in flüssigem Ammoniak, Abdampfen des NH_3, Aufnehmen des Rückstandes in Benzol, Filtrieren und Einengen der benzolischen Lösung bis zur Kristallisation leicht gewinnen [3f,18].

Die Darstellung reiner Trialkyl-phosphinalkylene *23* gelang erstmalig durch Entsylilierung entsprechender silylsubstituierter Ylide *20* mit Trimethylsilanol *21* oder Methanol *22* [19].

$$[(CH_3)_3Si-CH=PR_3 + (CH_3)_3SiOH \longrightarrow$$

$$20 \qquad\qquad\qquad 21$$

$$\text{oder} \quad CH_3OH$$

$$22$$

$$R_3P=CH_2 + (CH_3)_3Si-O-Si(CH_3)_3$$

$$23 \qquad \text{bzw.} \quad (CH_3)_3Si-O-CH_3$$

Trialkyl-(trimethyl-silyl-methyl)-phosphoniumchlorid *24*, aus dem entsprechenden Phosphin und Trimethylchlorsilan gewonnen, kann auch direkt mit Alkalisilanolat umgesetzt werden. Primär bildet sich *20*. Das dabei freiwerdende *21* bewirkt dann die Entsilylierung.

$$[(CH_3)_3Si-CH_2-\overset{\oplus}{P}R_3]Cl^{\ominus} + LiOSi(CH_3)_3 \longrightarrow$$
$$24$$

$$R_3P{=}CH_2 + LiCl + (CH_3)_3Si-O-Si(CH_3)_3$$
$$23$$

Es gelingt weiter, reine Trialkyl-phosphinalkylene, z. B. *27*, zu gewinnen, wenn man nach der Umsetzung von Phosphoniumsalzen (z. B. *25*) mit Butyl-lithium die primär entstehenden LiCl-Addukte der Ylide (z. B. *26*) erhitzt, wobei *27* abdestilliert.

$$[(C_2H_5)_4\overset{\oplus}{P}]Cl^{\ominus} + LiC_4H_9 \longrightarrow (C_2H_5)_3P{=}CH-CH_3 \cdot LiCl$$
$$25 \qquad\qquad\qquad\qquad 26$$

$$\Big\downarrow \Delta$$

$$(C_2H_5)_3P{=}CH-CH_3$$
$$27$$

Über eine einfache Methode, auf einer breiten Basis Trialkylphosphinalkylene salzfrei darzustellen, berichteten jüngst R. Köster et al. [21]. Die Autoren fanden, daß man Tetraalkyl-phosphonium-chloride *28* in siedendem Tetrahydrofuran mit Natrium- oder Kaliumamid zu den Yliden *29* deprotonisieren kann. Nach Entwicklung der theoretischen Menge NH_3 wird das ausgefallene NaCl und überschüssiges Natrium- bzw. Kaliumamid abgesaugt und nach Abdampfen des Lösungsmittels *29* gewonnen.

$$\left[R^1R^2R^3\overset{\oplus}{P}-CH\Big\langle{}^{R^4}_{R^5} \right] X^{\ominus} \xrightarrow[-MeX, -NH_3.]{+ MeNH_2} R^1R^2R^3P{=}C\Big\langle{}^{R^4}_{R^5}$$
$$28 \qquad\qquad\qquad\qquad\qquad\qquad\qquad 29$$

X = Cl, Br.
Me = K, Na

Phosphoniumjodide (*28* X=J) sind wenig geeignet, da die Ylide *29* mit NaJ, bzw. KJ thermisch weitgehend stabile Komplexe ergeben. Während also für die Alkylidentriphenylphosphorane $NaNH_2$ in flüssigem

Ammoniak genügt, um sie aus ihren korrespondierenden Phosphoniumsalzen darzustellen, muß man für die Trialkylderivate siedendes Tetrahydrofuran benutzen.

Wie oben erwähnt, können Ylide beim Vorliegen von Spuren protonenaktiver Verbindungen bei mehr oder weniger hohen Temperaturen Umylidierungsreaktionen eingehen [3], d. h. in *29* können die Liganden am Phosphor sowohl als Alkyl als auch als Alkylidenreste vorliegen. Für die Tendenz der Alkylreste, ein Proton abzugeben, wurde von Köster et al. [21] folgende Reihe aufgestellt [20].

$$\underset{\underset{\mathrm{CH_2-C=CH_2}}{|}}{\mathrm{CH_3}} \gg \mathrm{CH_3} \gg \mathrm{C_3H_7}\,, \quad \mathrm{C_4H_9} > \mathrm{C_2H_5}\,, \quad \mathrm{CH(CH_3)_2}$$

Es zeigt sich jedoch, daß auch beim Vorliegen weitgehend reiner Ylide *29* bei Reaktionen, z. B. mit der Carbonylgruppe, durch rasche Umylidierung auch die Alkylreste R[1], R[2] oder R[3] als Alkylidenreste übertragen werden können [21,22].

Ylidsynthesen ohne eine Hilfsbase beschreibt Schiemenz [23]. Im Falle von Phosphoniumsalzen, deren Anion stark nucleophil ist, übernimmt dieses die Rolle der Base. Mit Phosphoniumfluoriden (diese müssen nicht isoliert werden, sondern können aus Phosphoniumchloriden und KF erhalten werden) sind z. B. Wittig-Reaktionen in nicht basischem Medium möglich.

Die für präparative Zwecke interessanten Verbindungen Difluor- und Chlor-fluor-methylen-triphenylphosphoran *30* und *31* wurden durch Reaktionen von Triphenylphosphin mit den entsprechenden Carbenen dargestellt [24,25].

$$\mathrm{F_2ClC-COONa} + \mathrm{P(C_6H_5)_3} \longrightarrow (\mathrm{C_6H_5})_3\mathrm{P=C}\overset{\displaystyle F}{\underset{\displaystyle F}{\Big\langle}}$$

30

$$\mathrm{FCl_2CH} + \mathrm{P(C_6H_5)_3} \xrightarrow{\text{Li-C_4H_9}} (\mathrm{C_6H_5})_3\mathrm{P=C}\overset{\displaystyle F}{\underset{\displaystyle Cl}{\Big\langle}}$$

31

Auch Bis-alkylmercapto-carbene können mit Triphenylphosphin unter Bildung der entsprechenden Ylide abgefangen und dann weiter umgesetzt werden [26].

Substituierte Cyclopentadienyliden-triphenylphosphorane erhält man aus den entsprechenden Diazocyclopentadienen in geschmolzenem Triphenylphosphin [27].

Triphenylphosphin reagiert mit Maleinsäureanhydrid und Malein-imiden [28] *32* zu Yliden *33*, die in mannigfaltiger Weise umgesetzt werden können.

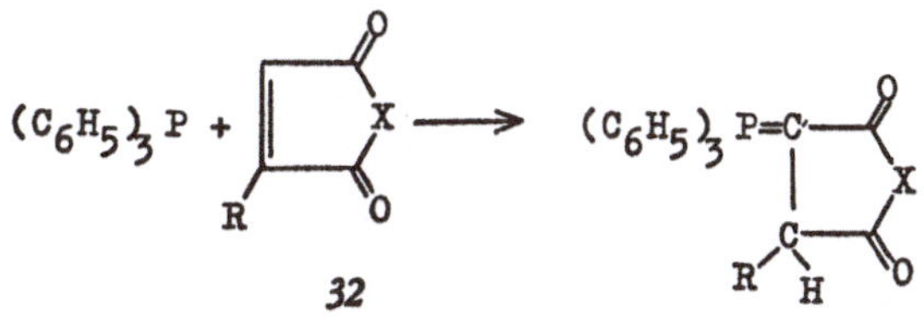

$$32 \longrightarrow 33$$

R=H, X=O
R=H, X=NH
R=H, X=NC$_6$H$_5$
R=H, X=N—NC$_4$H$_8$O
R=CH$_3$, X=O
R=CH$_3$, X=NC$_6$H$_5$

Diese und ähnliche Additionen von Triphenylphosphin an aktivierte Doppelbindungen [1,29] unter 1.2-Wasserstoffverschiebung stellen die Umkehrreaktion des von uns studierten Zerfalls von Yliden in Triphenylphosphin und Olefin dar [30].

Über die Bildung auch instabiler Triphenylphosphinalkylene bei der Elektrolyse an Phosphoniumsalzen wurde in jüngster Zeit berichtet [31]. Die Ylide lassen sich in *statu nascendi* durch Wittig-Reaktion mit Carbonylverbindungen umsetzen.

E. Reaktionen von Phosphinalkylenen mit Halogenverbindungen

I. Einleitung

Phosphinalkylene reagieren als nucleophile Reaktionspartner mit Halogenverbindungen mannigfaltigster Art, wie dies in der ersten Zusammenfassung [1] ausführlich dargestellt wurde. Das in unserem Arbeitskreis entwickelte allgemeine Reaktionsschema mit seinen verschieden möglichen Reaktionsabläufen sei zum allgemeinen Verständnis an den Anfang dieses Abschnittes gestellt:

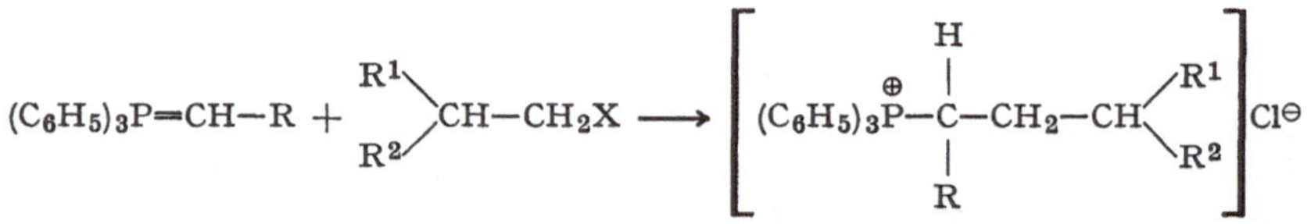

$$(C_6H_5)_3P{=}CH{-}R \; + \; {}^{R^1}_{R^2}{>}CH{-}CH_2X \; \longrightarrow \; \left[(C_6H_5)_3\overset{\oplus}{P}{-}\overset{\overset{\textstyle H}{|}}{\underset{\underset{\textstyle R}{|}}{C}}{-}CH_2{-}CH{<}^{R^1}_{R^2} \right] Cl^{\ominus}$$

34 · *35* · *36*

36

34 Weg a · *34* | Weg b · *34* Weg c

$$(C_6H_5)_3P{=}\overset{\overset{\textstyle R}{|}}{C}{-}CH_2{-}CH{<}^{R^1}_{R^2}$$

37

$$R{-}CH{=}CH{-}CH{<}^{R^1}_{R^2}$$

39

$$(C_6H_5)_3\overset{\oplus}{P}{-}\overset{\overset{\textstyle H}{|}}{\underset{\underset{\textstyle R}{|}}{C}}{-}CH_2{-}\overset{\ominus}{C}{<}^{R^1}_{R^2}$$

40

+

$$[(C_6H_5)_3\overset{\oplus}{P}{-}CH_2{-}R]Cl^{\ominus}$$

38

+

38

+

$$(C_6H_5)_3P$$

+

38

14

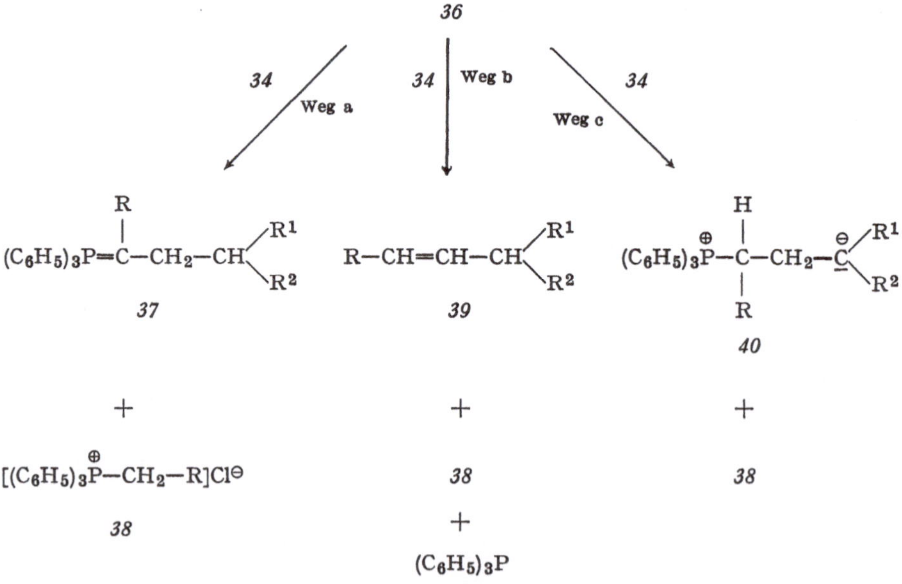

Die Reaktionen beginnen mit einer nucleophilen Substitution des Halogenatoms in *35* durch das Ylid *34* unter Bildung eines Phosphoniumsalzes *36*. Die Reaktion kann in gewissen Fällen auf dieser Stufe beendet sein. In einer Vielzahl von Fällen beobachtet man jedoch, daß sich *36* spontan mit einem zweiten Mol Ylid *34* als Base umsetzt, wobei der Angriff von *34* auf das neugebildete Phosphoniumsalz *36*, von den induktiven Effekten der Reste R, R^1 und R^2 abhängt. Ist R elektronenanziehend, so tritt zwischen *34* und *36* Umylidierung ein, d. h. durch Eliminierung des Protons in α-Stellung zum P-Atom von *36* erhält man das neue Ylid *37* und das zu *34* korrespondierende Phosphoniumsalz *38* (Weg a). Sind in *36* die Protonen in β-Stellung z.B. durch starken -I-Effekt von R^1 und R^2 stark aktiviert, so tritt eine β-Eliminierung, d. h. Hofmann-Abbau ein. Man erhält ein Olefin *39* neben Triphenylphosphin und dem Phosphoniumsalz *38* (Weg b). Ist durch R^1 und R^2 das Proton in γ-Stellung in *36* bevorzugt aktiviert, dies ist besonders dann der Fall, wenn die H-Atome in α- und β-Stellung durch andere Gruppierungen ersetzt sind, so beobachtet man eine γ-Eliminierung, hervorgerufen durch *34*, unter Bildung eines Betains *40*, das dann Folgereaktionen eingeht (Weg c).

Wie weiter unten gezeigt wird, kann das Reaktionsgeschehen auch durch das Halogenatom X beeinflußt werden. *34* kann z.B. aus *35* in α-Stellung zu X ein Proton eliminieren. Es entsteht dann ein sehr reaktionsfähiges Anion, das Sekundärreaktionen auslöst.

Im Folgenden seien die in den letzten Jahren untersuchten Umsetzungen von Yliden mit Halogenverbindungen, die weitgehend einem der besprochenen Wege folgen, im einzelnen beschrieben:

II. Umsetzung von Phosphinalkylenen mit organischen Halogenverbindungen vom Typ $R^1R^2R^3C-X$, $R-CO-X$ und $[R_3O]BF_4$

1. Synthese von 1.2-Diaryläthanen und Stilbenen

Benzyliden-triphenylphosphorane *41* setzen sich mit Benzylhalogeniden *42* zu Phosphoniumsalzen *43* um [32)].

Eine Umylidierung von *43* mit einem zweiten Mol *41* wurde bei zweistündigem Kochen der Reaktionspartner im Molverhältnis 1:1 in Benzol nur in sehr geringem Maße beobachtet. In *43* ist das H-Atom in α-Stellung zum Phosphor nicht so stark acidifiziert, daß es zu einer spontanen Reaktion mit dem durch den Arylrest in seiner Basizität geschwächten Ylid *41* kommen kann. Erst wenn man *41* mit *42* im Molverhältnis 2:1 lange kocht, tritt langsam Umylidierung neben Hofmann-Abbau ein.

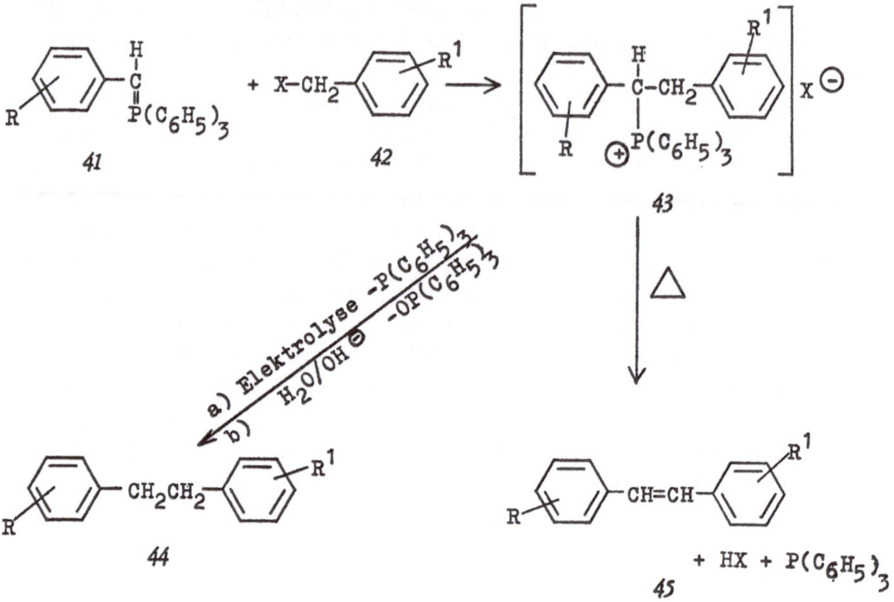

Aus den Salzen *43* lassen sich 1.2-Diaryläthane *44* mit verschiedenen Substituenten R und R^1 auf zwei Wegen erhalten:

a) Durch Elektrolyse der wäßrigen Lösung unter Verwendung einer Quecksilberelektrode [33] unter gleichzeitiger Bildung von Triphenylphosphin.

b) Durch alkalische Hydrolyse unter Abspaltung von Triphenylphosphinoxid [34].

Bei der Pyrolyse der Salze *43* erhält man in sehr guten Ausbeuten Stilbene *45* neben Triphenylphosphin und HX [35].

2. Synthese phenylsubstituierter Olefine

Setzt man Benzylbromid *47* mit stark basischen Yliden *46* im Molverhältnis 2:1 um, so bildet sich primär ein Phosphoniumsalz *48*, in dem die H-Atome in β-Stellung zum P-Atom aktiviert sind, so daß *48* mit einem zweiten Mol Ylid als Base sofort einem Hofmann-Abbau [36] unterliegt (Weg b). Man erhält neben dem Phosphoniumsalz *50* und Triphenylphosphin phenylsubstituierte Olefine *49* [35]. Die Ausbeuten an *49* betragen in den angeführten Beispielen a—c 65—75%.

16

$$\underset{46}{\overset{R}{\underset{R^1}{>}}C=P(C_6H_5)_3} + \underset{47}{Br-CH_2-\langle\bigcirc\rangle} \longrightarrow \left[\underset{\underset{48}{\overset{\oplus}{P}(C_6H_5)_3}}{\overset{R}{\underset{R^1}{>}}C-CH_2-\langle\bigcirc\rangle}\right] Br^\ominus$$

$$48 + 46 \longrightarrow \underset{49}{\overset{R}{\underset{R^1}{>}}C=C\overset{H}{\underset{C_6H_5}{<}}} + (C_6H_5)_3P + \left[\underset{50}{\overset{R}{\underset{R^1}{>}}CH-\overset{\oplus}{P}(C_6H_5)_3}\right] Br^\ominus$$

a) R=H, R¹=CH₃
b) R=H, R¹=Cyclo—C₆H₁₁
c) R=R¹=CH₃

3. Reaktionen mit α-Halogencarbonsäureestern

Die Reaktionen organischer Halogenverbindungen mit nucleophilen Verbindungen werden nicht nur durch die Polarität der Kohlenstoff-Halogenverbindung bestimmt, sondern auch durch den induktiven Effekt, den das Halogenatom auf das gesamte Molekül ausübt. Dies zeigt sich deutlich an den Befunden unserer Untersuchungen über die Umsetzung von Halogenessigsäureestern mit Triphenylphosphinalkylenen [37].

a) Synthese von α,β-ungesättigten Carbonsäuren

Setzt man salzfreie Lösungen [1] von 2 Mol eines Phosphinalkylens *46* mit 1 Mol α-Brom bzw. α-Jod-carbonsäureester *51* (X=Br oder J) um, so erhält man in glatter Reaktion α,β-ungesättigte Carbonsäureester *53*, Triphenylphosphin und das Phosphoniumsalz *54* [38].

$$\underset{46}{\overset{R}{\underset{R^1}{>}}C=P(C_6H_5)_3} + \underset{51}{R^2-\overset{H}{\underset{X}{C}}-COOR^3} \longrightarrow \left[\underset{\underset{52}{\overset{\oplus}{P}(C_6H_5)_3}}{\overset{R}{\underset{R^1}{>}}C-\overset{R^2}{\underset{H}{C}}-CO_2R^3}\right] X^\ominus$$

$$46 + 52 \longrightarrow \underset{53}{\overset{R}{\underset{R^1}{>}}C=C\overset{R^2}{\underset{CO_2R^3}{<}}} + P(C_6H_5)_3 + \left[\underset{54}{\overset{R}{\underset{R^1}{>}}CH-\overset{\oplus}{P}(C_6H_5)_3}\right] X^\ominus$$

Die Polarität der C—Br bzw. C—J-Bindung erlaubt eine nucleophile Substitution des Halogens durch das Ylid *46* unter intermediärer Bildung des Phosphoniumsalzes *52*, das infolge des induktiven Effektes der Estergruppe mit einem zweiten Mol Ylid durch Hofmann-Abbau (Weg b) in die Endprodukte zerfällt.

Sind die verwendeten Phosphinalkylene stark basisch [1], so werden mit α-Jod-Carbonsäureestern höhere Ausbeuten erzielt als mit den Bromderivaten. Sind R und $R^1 \neq H$, so ist beim Einsatz von α-Jodestern die Geschwindigkeit der Reaktion der Halogenverbindungen 51 (X=J) mit dem durch Hofmann-Abbau entstandenen Triphenylphosphin größer als mit dem Ylid 46. In diesem Fall sind 46 und 51 im Molverhältnis 1:1 umzusetzen.

Man isoliert als Endprodukte 53 und 54 und das Phosphoniumsalz 55.

$$R^2-CHJ-CO_2R^3 + (C_6H_5)_3P \longrightarrow \left[\begin{array}{c} R^2-CH-CO_2R^3 \\ | \\ \oplus P(C_6H_5)_3 \end{array} \right] J^\ominus$$

51 (X=J)   55

Die Tabelle 1 gibt einen Überblick über so dargestellte α,β-ungesättigte Carbonsäureester 53.

Tabelle 1. α,β-ungesättigte Carbonsäureester $RR^1C=CR^2-CO_2R^3$ durch Umsetzung von Yliden $RR^1C=P(C_6H_5)_3$ mit α-Halogencarbonsäureestern $R^2-CHX-CO_2R^3$

R	R^1	R^2	R^3	X	Isolierte Carbonsäureester	Ausbeute (%)
C_6H_5	H	H	CH_3	Br	Zimtsäure-methylester	74
$p-Cl-C_6H_4$	H	H	CH_3	Br	p-Chlor-zimtsäure-methylester	82
$n-C_3H_7$	H	H	CH_3	Br	Hexen-(2)-säure-methylester	50
$C_6H_5CH_2CH_2$	H	H	CH_3	Br J	5-Phenyl-penten-(2)-säure-methylester	60 71
$cyclo-C_6H_{11}$	H	H	CH_3	J	3-Cyclohexyl-acryl-säure-methylester	60
C_6H_5	CH_3	H	CH_3	Br	β-Methyl-zimtsäure-methylester	59
CH_3	CH_3	H	C_2H_5	J	3.3-Dimethyl-acryl-säure-äthylester	63
CH_3	C_2H_5	H	C_2H_5	J	3-Methyl-3-äthyl-acrylsäure-äthylester	51
C_6H_5	H	CH_3	C_2H_5	Br	α-Methyl-zimtsäure-äthylester	59
$n-C_3H_7$	H	CH_3	C_2H_5	J	2-Methyl-hexen-(2)-säure-äthylester	55

In die Reaktion können auch vinyloge Halogencarbonsäureester eingesetzt werden. So erhält man z.B. aus 2 Mol Benzyliden-triphenyl-phosphoran *56* und 1 Mol γ-Bromcroton-säuremethylester *57* in 85% Ausbeute 5-Phenyl-pentadien-(2.4)-säuremethylester *58*.

$$2 \ (C_6H_5)_3P=\overset{\overset{\displaystyle H}{|}}{C}-C_6H_5 \ + \ Br-CH_2-CH=CH-CO_2CH_3 \longrightarrow$$

56   *57*

$$(C_6H_5)_3P \ + \ [C_6H_5-CH_2-\overset{\oplus}{P}(C_6H_5)_3] \ Br^{\ominus} \ + \ C_6H_5-\overset{\overset{\displaystyle H}{|}}{C}=\overset{\overset{\displaystyle H}{|}}{C}-\overset{\overset{\displaystyle H}{|}}{C}=\overset{\overset{\displaystyle H}{|}}{C}-CO_2CH_3$$

58

b) Bildung von trans-Cyclopropan-tricarbonsäuremethylester

Setzt man Chloressigsäuremethylester *59* mit Yliden *46* um, so isoliert man in 40–50%iger Ausbeute trans-Cyclopropantricarbonsäuremethyl-ester *60* und das Phosphoniumchlorid *54* (X=Cl) [39].

$$3 \ \underset{R'}{\overset{R}{>}}C=P(C_6H_5)_3 \ + \ 3 \ H-\underset{\underset{\displaystyle Cl}{|}}{\overset{\overset{\displaystyle H}{|}}{C}}-CO_2CH_3 \longrightarrow \quad\quad + \ 3 \quad 54 \ (X = Cl)$$

46   *59*   *60*

Der größere -I-Effekt des Chlors gegenüber dem Brom sowie die geringe Polarität der C—Cl- gegenüber der C—Br-Bindung führt bei der Umsetzung von *46* mit *59* nicht mehr zu einer Substitution sondern zu einer Protonen-Eliminierung in *59* durch das Ylid als Base. Es bildet sich das Phosphoniumion *61a* und das zugehörige Carbanion *61b*, welches seinerseits mit einem weiteren Mol *59* zum Chlorbernsteinsäuremethylester *62* reagiert, wobei ein Mol des Phosphoniumsalzes *54* (X=Cl) entsteht. *62* unterliegt bei Einwirkung der Base *46* einer β-Eliminierung. Dabei bildet sich ein weiteres Mol *54* (X=Cl) und Fumarsäuremethylester *63*, der von *61b* angegriffen wird. Das so entstehende Carbanion *64* geht durch intramolekulare Substitution in das Cyclopropanderivat *60* über, wobei sich gleichzeitig ein drittes Mol *54* (X=Cl) bildet.

19

$$46 + 59 \longrightarrow \left[\begin{array}{c} R \\ \\ R^1 \end{array} \!\!\! CH - \overset{\oplus}{P}(C_6H_5)_3 \right] \overset{\ominus}{|} \overset{\overset{\displaystyle H}{|}}{\underset{\underset{\displaystyle Cl}{|}}{C}} - CO_2CH_3 \xrightarrow{59}$$

$$61a \qquad\qquad 61b$$

$$54\ (X{=}Cl) + H_3CO_2C - \underset{\underset{\displaystyle Cl}{|}}{CH} - CH_2 - CO_2CH_3 \xrightarrow{46} 54\ (X{=}Cl) +$$

$$62$$

$$H_3CO_2C - \overset{\overset{\displaystyle H}{|}}{\underset{\underset{\displaystyle H}{|}}{C}}{=}C - CO_2CH_3 \xrightarrow{61b} H_3CO_2C - \overset{\overset{\displaystyle H}{|}}{\underset{\underset{\displaystyle Cl{-}C{-}H}{|}}{C}} - \overset{\overset{\displaystyle H}{|}}{\underset{\underset{\displaystyle CO_2CH_3}{|}}{\underset{\ominus}{C}}} - CO_2CH_3 \xrightarrow{-Cl^\ominus}$$

$$63 \qquad\qquad\qquad 64$$

$$60 + 54\ (X{=}Cl)$$

Der diskutierte Mechanismus wurde durch verschiedene Reaktionen, u. a. durch Isotopenmarkierung gestützt [39].

c) Synthese von Enoläthern α-fluorierter Ketone

Der starke −I-Effekt in α-Fluoressigsäureäthylester 65 ermöglicht nunmehr einen nucleophilen Angriff der Ylide 46 auf die Carbonylgruppe des Esters. In einer Wittig-Reaktion erhält man neben Triphenylphosphinoxid Enoläther 66 von α-Fluorketonen [40]. Diese Umsetzung, an der das Halogenatom nicht beteiligt ist, sollte aus systematischen Gründen unter der Wittig-Reaktion abgehandelt werden, wird aber hier schon aufgeführt, um den großen Einfluß des Halogenatoms auf den Ablauf des Reaktionsgeschehens zwischen Halogenverbindungen und Yliden aufzuzeigen.

Analog reagiert Trifluoressigsäureäthylester 67 mit 46 zu den Enoläthern 68 von α,α,α-Trifluorketonen [40]. Erwartungsgemäß reagiert 67 aufgrund des induktiven Effekts von nunmehr drei Fluoratomen schneller mit 46 als 65. Die Ausbeuten an 66 und 68 liegen zwischen 45 und 75%.

$$
\begin{array}{c}
\underset{R^1}{\overset{R}{>}}C=C\underset{CH_2F}{\overset{OC_2H_5}{<}} + (C_6H_5)_3P=O \\
66
\end{array}
$$

$$+ \quad \underset{H_5C_2O}{\overset{O}{>}}C-CH_2F \quad 65$$

$$\underset{R^1}{\overset{R}{>}}C=P(C_6H_5)_3 \qquad 46$$

$$+ \quad \underset{H_5C_2O}{\overset{O}{>}}C-CF_3 \quad 67$$

$$
\begin{array}{c}
\underset{R^1}{\overset{R}{>}}C=C\underset{CF_3}{\overset{OC_2H_5}{<}} + (C_6H_5)_3P=O \\
68
\end{array}
$$

Es sei darauf hingewiesen, daß Ester im allgemeinen durch Phosphin-alkylene nicht olefiniert werden. Eine Ausnahme bildet der Oxalsäure-diäthylester [41].

d) Synthese von γ-Ketosäuren und β-Acyl-acrylsäureestern

Triphenylphosphin-acyl-alkylene 69 lassen sich durch die mesomeren Formen A und B beschreiben. Sie haben ambidenten Charakter und können von Halogenverbindungen 70 sowohl am O-Atom [42,43,44] als auch am C-Atom [43,44,45,46,47] alkyliert bzw. acyliert werden. Dabei entstehen entweder die als Enoläther- bzw. -ester aufzufassenden Phosphoniumsalze 72 oder die Ketophosphoniumsalze 71.

$$
\left[\;
\begin{array}{c}
R \\
| \\
R^1-C-C \\
\| \quad \| \\
O \quad P(C_6H_5)_3
\end{array}
\quad \longleftrightarrow \quad
\begin{array}{c}
R \\
| \\
R^1-C=C \\
| \quad | \\
|\underset{\ominus}{O}| \quad \underset{\oplus}{P}(C_6H_5)_3
\end{array}
\;\right] \; 69
$$

$$\qquad\qquad A \qquad\qquad\qquad\qquad B$$

$$\Big\downarrow \underset{70}{R^2-X} \qquad\qquad \Big\downarrow \underset{70}{R^2-X}$$

$$
\left[\;
\begin{array}{c}
R \\
| \\
R^1-C-C-R^2 \\
\| \quad | \\
O \quad \underset{\oplus}{P}(C_6H_5)_3
\end{array}
\;\right] X^\ominus
\qquad
\left[\;
\begin{array}{c}
R^1-C=C\overset{R}{<} \\
| \quad | \\
O \quad \underset{\oplus}{P}(C_6H_5)_3 \\
| \\
R^2
\end{array}
\;\right] X^\ominus
$$

$$\qquad 71 \qquad\qquad\qquad\qquad 72$$

Setzt man Triphenylphosphin-acyl-methylene der allgemeinen Struktur *73* mit Bromessigsäuremethylester *74* um, so tritt C-Alkylierung unter Bildung des Salzes *75* ein, das sofort mit einem zweiten Molekül des Ylides *73* unter Umylidierung (Weg a) zum neuen Phosphinalkylen *76* und dem Phosphoniumsalz *77* reagiert [48].

$$R-\underset{\underset{O}{\|}}{C}-\underset{\underset{P(C_6H_5)_3}{\|}}{C}\underset{H}{|} \quad + \quad Br-CH_2-CO_2CH_3 \quad \longrightarrow \quad \left[R-\underset{\underset{O}{\|}}{C}-\underset{\underset{\overset{\oplus}{P(C_6H_5)_3}}{|}}{\underset{|}{C}}-CH_2-CO_2CH_3 \right] Br^{\ominus}$$

$$\qquad 73 \qquad\qquad\qquad 74 \qquad\qquad\qquad\qquad\qquad 75$$

$$75 + 73 \quad \longrightarrow \quad R-\underset{\underset{O}{\|}}{C}-\underset{\underset{P(C_6H_5)_3}{\|}}{C}-CH_2-CO_2CH_3 \quad + \quad \left[R-\underset{\underset{O}{\|}}{C}-CH_2-\overset{\oplus}{P}(C_6H_5)_3 \right] Br^{\ominus}$$

$$\qquad\qquad\qquad\qquad\qquad 76 \qquad\qquad\qquad\qquad\qquad 77$$

H₂O/OH⁻ , −OP(C₆H₅)₃ −CH₃OH , C₆H₅CO₃H , Δ

$$R-\underset{\underset{O}{\|}}{C}-CH_2-CH_2-COOH \qquad \left[R-\underset{\underset{O}{\|}}{C}-\underset{\underset{\overset{\oplus}{P(C_6H_5)_3}}{|}}{\underset{|}{C}}-CH_2-CO_2CH_3 \right] \xrightarrow{-C_6H_5CO_3H} R-\underset{\underset{O}{\|}}{C}-CH=CH-CO_2Cl$$

78 　　　　　　　　　　　　　　　　　*75a* 　　　　　　　　　　　　　　*79*

$$75a \quad \left[\overset{|}{\underset{\ominus}{O}}-\underset{\underset{O}{\|}}{C}-C_6H_5 \right] \qquad\qquad P(C_6H_5)_3$$

a) R=CH₃
b) R=C₃H₇
c) R=C₆H₅—CH₂—CH₂
d) R=Cyclo—C₆H₁₁
e) R=C₆H₅
f) R=4—CH₃O—C₆H₄

Die alkalische Hydrolyse der so gewonnenen Ylide *76* in wäßrigem Methanol führt unter Abspaltung von Triphenylphosphinoxid und Methanol glatt zu γ-Ketocarbonsäuren *78* [48].

In den Yliden *76* sind die H-Atome der Methylengruppe durch die benachbarte Estergruppe aktiviert. Beim Erhitzen auf 150—180 °C zerfallen sie daher in Triphenylphosphin und β-Acylacrylester *79* [48], die jedoch bei der Zerfallstemperatur Sekundärreaktionen eingehen können. Der Hofmann-Abbau zu *79* läßt sich jedoch, wie wir fanden, durch katalytische Mengen Benzoesäure in siedendem Benzol unter wesentlich milderen Bedingungen erreichen. Aus *76* und der Benzoesäure bildet sich das Phosphoniumbenzoat *75a*. Das Benzoatanion greift das Phosphoniumkation in β-Stellung zum P-Atom an. Unter Eliminierung von Benzoesäure entstehen der β-Acylacrylsäureester *79* und Triphenylphosphin. Die Benzoesäure reagiert dann mit noch nicht umgesetztem Ylid *76*.

Diese neue Synthesemöglichkeit für die Verbindungen *79* ergänzt die früher von uns entwickelte Darstellungsmethode aus α-Bromketonen und Alkoxycarbonyl-methylen-triphenylphosphoranen [49], die inzwischen mit Erfolg auch in der Steroidreihe angewandt wurde [50].

Da die Triphenylphosphinacylmethylene *73* leicht aus Säurechloriden oder Thiolestern und Methylen-triphenylphosphoran zu erhalten sind [1,51], ergibt sich nun folgendes allgemeines Aufbauprinzip für γ-Ketosäuren *78* und β-Acylacrylsäureester *79*:

$$R-CO-Cl \xrightarrow{CH_2=P(C_6H_5)_3} R-\underset{\underset{O}{\|}}{C}-CH=P(C_6H_5)_3 \xrightarrow{Br-CH_2-CO_2CH_3}$$

73

$$R-\underset{\underset{O}{\|}}{\overset{}{C}}-\underset{\underset{P(C_6H_5)_3}{\|}}{C}-CH_2CO_2CH_3 \underset{\underset{H_2O/OH^\ominus}{}}{\overset{C_6H_5CO_2H}{}}$$

$$\xrightarrow{C_6H_5CO_2H} R-\underset{\underset{O}{\|}}{C}-CH=CH-CO_2CH_3 \quad 79$$

$$\xrightarrow{H_2O/OH^\ominus} R-\underset{\underset{O}{\|}}{C}-CH_2-CH_2-CO_2H \quad 78$$

76

Auf die Reindarstellung bzw. auf die Isolierung von *76* kann bei dieser Reaktionsfolge verzichtet werden. Die Tabelle 2 gibt einen Überblick über Ausbeuten.

Tabelle 2. *γ-Ketocarbonsäuren 78 und β-Acylacrylsäuremethylester 79 durch Verseifung oder Hofmann-Abbau von Yliden 76, die aus Acyl-triphenylphosphinalkylenen 73 und Bromessigsäuremethylester 74 gewonnen wurden*

Eingesetztes Ylid 73 und gebildetes Ylid 76	Ausbeute an 78 in % d. Th. bezogen auf 76	Ausbeute an 79 in % d. Th. bezogen auf 76
a	69	30
b	45	62
c	92	80
d	96	90
e	94	85
f	79	27

4. Reaktion mit β-Chlorvinylketonen

Phosphinalkylene *34* reagieren nach Weg a mit β-Chlorvinylketonen *80* unter Umylidierung zu den Yliden *81* und Phosphoniumchloriden *82* [52)].

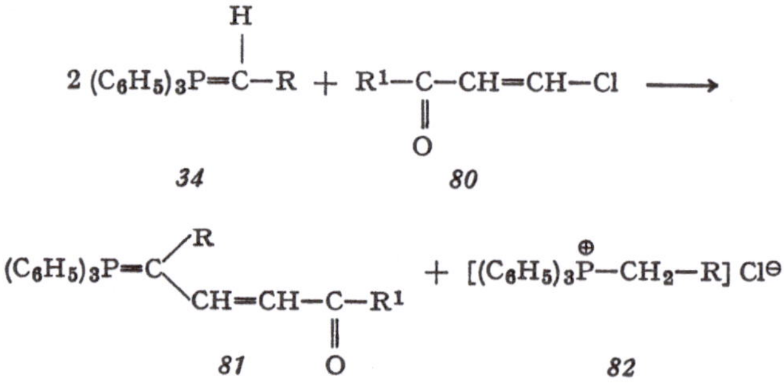

$$2\ (C_6H_5)_3P{=}\overset{\overset{\textstyle H}{|}}{C}{-}R\ +\ R^1{-}\underset{\underset{\textstyle O}{\|}}{C}{-}CH{=}CH{-}Cl\ \longrightarrow$$

34 *80*

$$(C_6H_5)_3P{=}C\overset{\textstyle R}{\underset{\textstyle CH=CH-\underset{\underset{\textstyle O}{\|}}{C}-R^1}{}}\ +\ [(C_6H_5)_3\overset{\oplus}{P}{-}CH_2{-}R]\ Cl^{\ominus}$$

81 *82*

Bei Acylphosphinalkylenen *73* erfolgt neben der C-Alkylierung, die zur Bildung von *81* (R=R²—CO) führt, offensichtlich in überwiegendem Maße eine O-Alkylierung. Die Reaktion scheint ihre Grenzen zu haben. So reagiert Methoxymethylen-triphenylphosphoran *83* mit dem Chlorvinylketon *84* unter Wittig-Reaktion zu *85*.

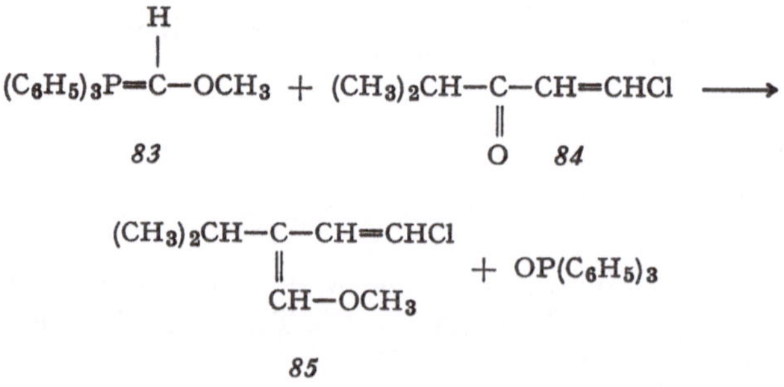

$$(C_6H_5)_3P{=}\overset{\overset{\textstyle H}{|}}{C}{-}OCH_3\ +\ (CH_3)_2CH{-}\underset{\underset{\textstyle O}{\|}}{C}{-}CH{=}CHCl\ \longrightarrow$$

83 *84*

$$(CH_3)_2CH{-}\underset{\underset{\textstyle CH-OCH_3}{\|}}{C}{-}CH{=}CHCl\ +\ OP(C_6H_5)_3$$

85

Die Verbindungen *81* dürften in Zukunft bei weiteren Umsetzungen von präparativem Interesse sein.

5. Reaktionen mit α-Halogenaminen

a) Synthese substituierter Alkyl-N,N-dimethylamine

Aus 2 Mol eines Ylides *34* und 1 Mol α-Chlor-methyl-dimethylamin *86* bilden sich nach Weg a unter Umylidierung Phosphoniumchloride *82* und die luft- und feuchtigkeitsempfindlichen aminomethylierten Phosphinalkylene *87*, die sich mit Carbonylverbindungen *88* zu substituierten Alkyl-N,N-dimethylaminen *89* umsetzen lassen [53].

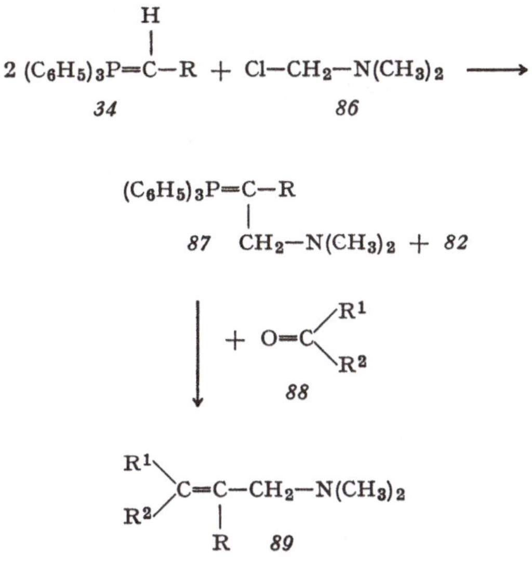

$$2\ (C_6H_5)_3P{=}\overset{\overset{\displaystyle H}{|}}{C}{-}R\ +\ Cl{-}CH_2{-}N(CH_3)_2\ \longrightarrow$$

$$\underset{34}{} \qquad\qquad \underset{86}{}$$

$$\underset{87}{(C_6H_5)_3P{=}\underset{CH_2{-}N(CH_3)_2}{\overset{\displaystyle C{-}R}{|}}}\ +\ 82$$

$$\Big\downarrow\quad +\ O{=}C\underset{R^2}{\overset{R^1}{\diagup\!\!\diagdown}}$$

$$\underset{88}{}$$

$$\underset{R^2}{\overset{R^1}{\diagdown\!\!\diagup}}C{=}\underset{\underset{R \quad 89}{|}}{C}{-}CH_2{-}N(CH_3)_2$$

Analog bildet sich aus 2 Mol Methylen-triphenylphosphoran *90* und 1 Mol α-Chlorbenzyl-dimethylamin *91* neben dem Triphenyl-methyl-phosphoniumchlorid *93* ein Ylid *92*, das z.B. mit Benzaldehyd zum 1.3-Diphenyl-alkyl-N,N-dimethylamin *94* umgesetzt werden kann [53].

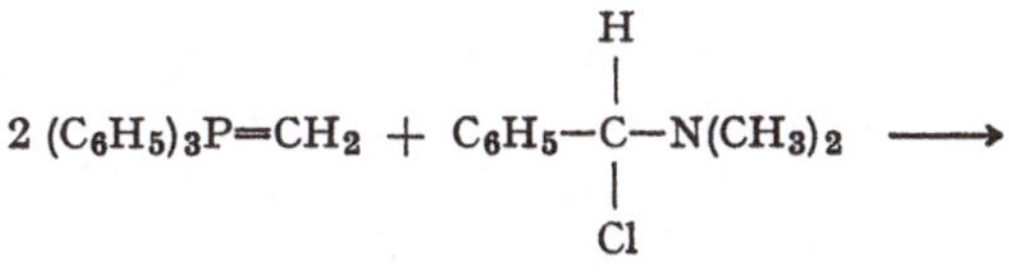

$$2\ (C_6H_5)_3P{=}CH_2\ +\ C_6H_5{-}\overset{\overset{\displaystyle H}{|}}{\underset{\underset{\displaystyle Cl}{|}}{C}}{-}N(CH_3)_2\ \longrightarrow$$

$$\underset{90}{} \qquad\qquad\qquad \underset{91}{}$$

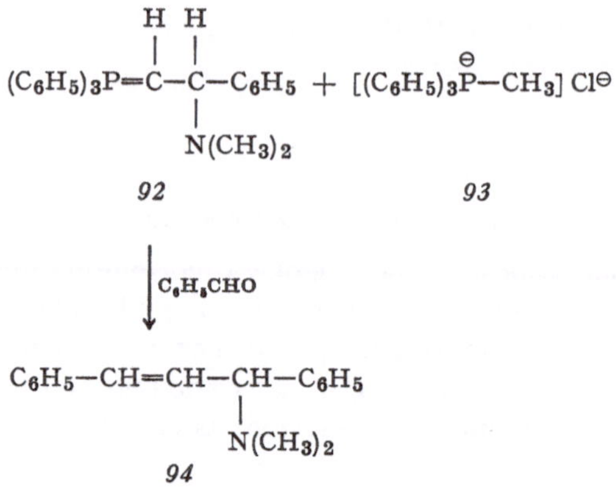

$$\underset{92}{(C_6H_5)_3P=\overset{\overset{\displaystyle H}{|}}{C}-\overset{\overset{\displaystyle H}{|}}{\underset{\underset{\displaystyle N(CH_3)_2}{|}}{C}}-C_6H_5} + \underset{93}{[(C_6H_5)_3\overset{\ominus}{P}-CH_3]\ Cl^{\ominus}}$$

$$\Big\downarrow C_6H_5CHO$$

$$\underset{94}{C_6H_5-CH=CH-\underset{\underset{\displaystyle N(CH_3)_2}{|}}{CH}-C_6H_5}$$

b) Synthese phenylsubstituierter Allene

Das Aminalchlorid *91* setzt sich mit Yliden *95*, die in β-Stellung zum Phosphoratom eine CH_2-Gruppe tragen, nach folgender Bruttoreaktionsgleichung um [54,55]:

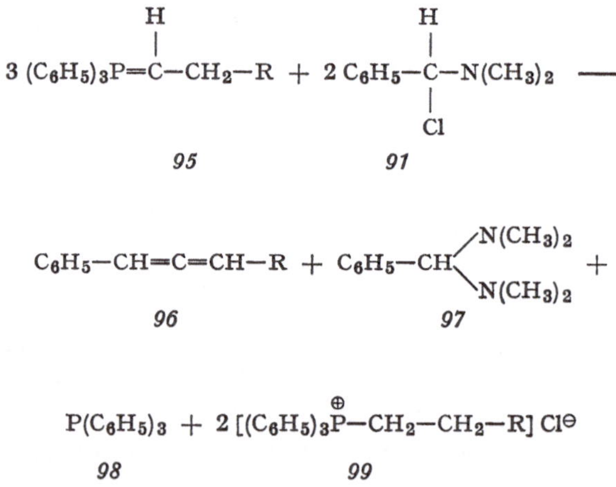

$$3\ \underset{95}{(C_6H_5)_3P=\overset{\overset{\displaystyle H}{|}}{C}-CH_2-R} + 2\ \underset{91}{C_6H_5-\overset{\overset{\displaystyle H}{|}}{\underset{\underset{\displaystyle Cl}{|}}{C}}-N(CH_3)_2} \longrightarrow$$

$$\underset{96}{C_6H_5-CH=C=CH-R} + \underset{97}{C_6H_5-CH{\overset{\nearrow N(CH_3)_2}{\searrow N(CH_3)_2}}} +$$

$$\underset{98}{P(C_6H_5)_3} + 2\ \underset{99}{[(C_6H_5)_3\overset{\oplus}{P}-CH_2-CH_2-R]\ Cl^{\ominus}}$$

Man isoliert also phenylsubstituierte Allene *96* (Ausbeuten 56—76% d. Th. für R=H, CH_3, C_2H_5, C_4H_9, $CH_2-C_6H_5$), neben dem Benzaldehydaminal *97*, Triphenylphosphin *98* und dem Phosphoniumchlorid *99*.

Zunächst bildet sich aus 2 Mol *95* und 1 Mol *91* unter Umylidierung das Ylid *100* und 1 Mol *99*.

$$2 \quad 95 + 91 \longrightarrow 99 + \underset{\underset{100}{\underset{|}{(C_6H_5)_3P=C-CH_2-R}}}{\overset{\overset{H}{\overset{|}{C_6H_5-C-N(CH_3)_2}}}{}}$$

$$HCl + 97 \xleftarrow{\ 91\ } \underset{101}{HN(CH_3)_2 + 96 + 98}$$

$$\downarrow 95$$

$$99$$

100 zerfällt nach Art eines Hofmann-Abbaues in das Allen *96*, das Phosphin *98* und Dimethylamin *101*. Letzteres reagiert mit noch nicht umgesetztem *91* zum Aminal *97*. Die dabei freiwerdende HCl addiert sich an *95* unter Bildung des dritten Mols *99*.

Über den Mechanismus und die Ursache des Zerfalls des Ylides *100* sowie ähnliche Reaktionen [56)] werden wir an anderer Stelle ausführlich berichten.

6. O-Alkylierung von Alkoxy-carbonyl-alkyliden-triphenyl-phosphoranen

Alkoxy-carbonyl-alkyliden-triphenyl-phosphorane *102* werden von Halogenverbindungen C-alkyliert [49,52,57)]. Setzt man diese Ylide jedoch mit Triäthyloxoniumtetrafluoroborat *103* um, so tritt O-Alkylierung zu den 1-substituierten 2-Äthoxy-2-alkoxy-vinyl-triphenyl-tetrafluoroboraten *104* ein [58)]. Ist $R^1 \neq C_2H_5$, so erhält man ein Gemisch der geometrischen Isomeren *104a* und *104b*.

$$\underset{\underset{102}{(C_6H_5)_3P \quad O}}{\overset{\overset{}{\parallel \quad \parallel}}{R-C-C-OR^1}} + \underset{103}{[(C_2H_5)_3O]^{\oplus}\,BF_4^{\ominus}} \longrightarrow$$

$$\left[\underset{104a}{\overset{\displaystyle R}{\underset{\displaystyle (C_6H_5)_3P_\oplus}{>}}C=C\overset{\displaystyle OR^1}{\underset{\displaystyle OC_2H_5}{<}}}\right]BF_4^{\ominus} + \left[\underset{104b}{\overset{\displaystyle R}{\underset{\displaystyle (C_6H_5)_3P_\oplus}{>}}C=C\overset{\displaystyle OC_2H_5}{\underset{\displaystyle OR^1}{<}}}\right]BF_4^{\ominus}$$

Die Reaktionen der interessanten neuen Phosphoniumsalze *104*, die der Ketenacetalreihe angehören, werden in unserem Arbeitskreis zur Zeit eingehend untersucht.

7. Umsetzung mit Acylierungsreagenzien (Säurechloriden und Anhydriden)

a) Kinetische Racematspaltung und Bestimmung der absoluten Konfiguration von Carbonsäuren

Triphenylphosphinalkylene *34* werden von Säurechloriden *105* nach Weg a (Molverhältnis 2:1, Umylidierung) acyliert [1,51].

$$2\ (C_6H_5)_3P{=}\overset{\overset{\displaystyle H}{|}}{C}{-}R\ +\ R^1{-}\underset{\underset{\displaystyle O}{\|}}{C}{-}Cl\ \longrightarrow$$

$$\underset{34}{} \qquad\qquad \underset{105}{}$$

$$\underset{(C_6H_5)_3P\ \ O}{R{-}\overset{\|}{C}{-}\overset{\|}{C}{-}R^1}\ +\ [(C_6H_5)_3\overset{\oplus}{P}{-}CH_2{-}R]\ Cl^{\ominus}$$

$$\underset{69}{} \qquad\qquad\qquad\qquad \underset{82}{}$$

Man erhält so die Acylylide *69* und die Phosphoniumchloride *82*.

Bei der Umsetzung von 2 Mol des Racemats eines chiralen Ylides, z.B. des Benzyliden-methyl-phenyl-n-propylphosphorans *106*, mit einem Mol eines optisch aktiven Säurechlorids *107* tritt partielle kinetische Racematspaltung ein [59].

$$\underset{\underset{nC_3H_7}{|}}{C_6H_5{-}\overset{\overset{\displaystyle CH_3}{|}}{P}{=}CH{-}C_6H_5}\ +\ \underset{\underset{R^3}{\diagup}}{\overset{\overset{R^1}{\diagdown}}{R^2}}C{-}\underset{\underset{O}{\|}}{C}{-}Cl\ \longrightarrow$$

$$\underset{106}{}\qquad\qquad\qquad \underset{107}{}$$

$$\left[\underset{\underset{nC_3H_7}{|}}{C_6H_5{-}\overset{\overset{\displaystyle CH_3}{\oplus|}}{P}-\overset{\overset{\displaystyle C_6H_5}{|}}{C}-\underset{\underset{O}{\|}}{\overset{\overset{\displaystyle}{|}}{C}}{-}C{\overset{\nearrow R^1}{\underset{\searrow R^3}{-}R^2}}}\right] Cl^{\ominus}$$

$$\underset{108}{}$$

$$108\ +\ 106\ \longrightarrow\ \left[\underset{\underset{nC_3H_7}{|}}{C_6H_5{-}\overset{\overset{\displaystyle CH_3}{\oplus|}}{P}{-}CH_2{-}C_6H_5}\right] Cl^{\ominus}\ +\ \underset{\underset{nC_3H_7}{|}}{C_6H_5{-}\overset{\overset{\displaystyle CH_3}{|}}{P}}{=}\overset{\overset{\displaystyle C_6H_5}{|}}{C}{-}\underset{\underset{O}{\|}}{C}{-}C{\overset{\nearrow R^1}{\underset{\searrow R^3}{-}R^2}}$$

$$\underset{109}{}\qquad\qquad\qquad\qquad \underset{110}{}$$

Aus *106* und *107* bildet sich das acylierte Phosphoniumsalz *108*. Da sich das optisch aktive Säurechlorid *107* mit einem Enantiomeren von *106* bevorzugt umsetzt, reichert sich das andere an, das nunmehr unter

Umylidierung mit *108* reagiert. Es bildet sich das optisch aktive Phosphoniumchlorid *109*, das aus der Lösung ausfällt, während das diastereoisomere Acylylid *110* in Lösung bleibt. Wir konnten mit Hilfe dieser Reaktion eine Methode aufbauen, die es gestattet, die absolute Konfiguration von zentrochiralen Carbonsäuren zu bestimmen [60], und zwar ohne konformationsabhängige Modellbetrachtung, unter qualitativer Verwendung des stereochemischen Strukturmodelles von Ugi [61] und Ruch [62,63]. Dieses Verfahren basiert weiterhin auf einer Arbeit von Ruch [64] über „Homochiralität als Klassifizierungsprinzip von Molekülen spezieller Molekülklassen".

Zur Bestimmung der absoluten Konfiguration von Carbonsäuren mit asymmetrischen C-Atomen setzt man deren Säurechloride *107* mit 2 Mol des Racemates von *106* um und mißt das Vorzeichen der optischen Drehung $[\alpha]_D$ des ausgefallenen Phosphoniumsalzes, dessen absolute Konfiguration bekannt ist [65]. Das gemessene Vorzeichen des $[\alpha]_D$ von *109* bezeichnen wir als Chiralitätsbeobachtung. Nun ordnet man den Liganden des Säurechlorids *107* Ligandenkonstanten λ_i zu, die man mit beliebigem Anfang im Uhrzeigersinn nummeriert. Wichtig ist, daß in der Newman-projektion die reagierende Säurechloridgruppierung hinter der Projektionsebene liegt. Als Beispiel diene *111*.

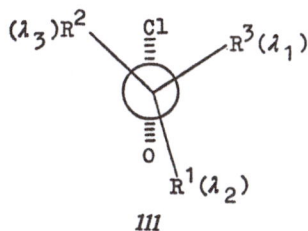

111

Die asymmetrische Induktion und damit das Vorzeichen und die Größe von $[\alpha]_D$ wird durch ein Chiralitätsprodukt χ bestimmt, für das folgende Gleichung gilt:

$$\chi = (\lambda_1-\lambda_2)\,(\lambda_2-\lambda_3)\,(\lambda_3-\lambda_1)$$

Nach Ruch [64] muß für homochirale Molekülklassen, zu denen Verbindungen mit einem asymmetrischen C-Atom, z.B. die Säurechloride *107* bzw. *111* gehören, das Chiralitätsprodukt χ dann 0 werden, wenn das Molekül achiral und damit die Chiralitätsbeobachtung 0 wird. Desgleichen muß sich das Vorzeichen χ sowie das Vorzeichen unserer Chiralitätsbeobachtung (d. h. $[\alpha]_D$ von *109*) umkehren, wenn man anstelle des einen Enantiomeren von *107* das andere einsetzt. Dies wurde von uns an 20 Beispielen gefunden [60]. Dabei ergab sich folgende Regel: das Vorzeichen des Chiralitätsproduktes des optisch aktiven Säurechlorides *107* hat immer dann das gleiche Vorzeichen wie die spezifische Drehung des ausgefallenen Phosphoniumsalzes *109* (gemessen in Methanol bei 589 nm), wenn man für *107* die richtige absolute Konfiguration aufgezeichnet hat [60]. Es ist das Ziel weiterer Arbeiten, eine längere, qualitative Sequenz von λ-Werten möglichst vieler Liganden zu bestimmen.

b) Synthese von 1.2-Diketonen und α-Ketosäuren

Durch Acylierung des Methoxymethylen-triphenylphosphorans *112* mit Säurechloriden *105* erhält man die Ylide *113*, die vornehmlich mit mesomeriefähigen Aldehyden *114* Wittig-Reaktionen zu den Enoläthern *115* eingehen, deren saure Hydrolyse 1.2-Diketone *116* ergibt. Für $R^1 = OR$ erhält man bei gleichzeitiger Verseifung der Estergruppe α-Ketosäuren [60].

$$2\ (C_6H_5)_3P{=}CHOCH_3 \ + \ R^1{-}\underset{\underset{O}{\|}}{C}{-}Cl \longrightarrow$$

$$\underset{112}{} \qquad\qquad \underset{105}{}$$

$$(C_6H_5)_3P{=}\underset{\underset{OCH_3}{|}}{C}{-\!-\!-}\underset{\underset{O}{\|}}{C}{-}R^1 \ + \ [(C_6H_5)_3\overset{\oplus}{P}{-}CH_2{-}OCH_3]\ Cl^{\ominus}$$

$$\underset{113}{}$$

$$R^2{-}C\overset{\displaystyle H}{\underset{\displaystyle O}{\Big\langle}}$$

$$\underset{114}{}$$

$$R^2{-}CH{=}\underset{\underset{OCH_3}{|}}{C}{-\!-\!-}\underset{\underset{O}{\|}}{C}{-}R^1 \ \xrightarrow{H^{\oplus}/H_2O} \ R^2{-}CH_2{-}\underset{\underset{O}{\|}}{C}{-}\underset{\underset{O}{\|}}{C}{-}R^1$$

$$\underset{115}{} \qquad\qquad\qquad \underset{116}{}$$

c) Synthese stabiler 1.3-Bisphosphinalkylene

Alkoxycarbonyl-methylen-triphenylphosphorane *117* lassen sich mit α-Chlor- oder α-Bromessigsäurechlorid *118* acylieren:

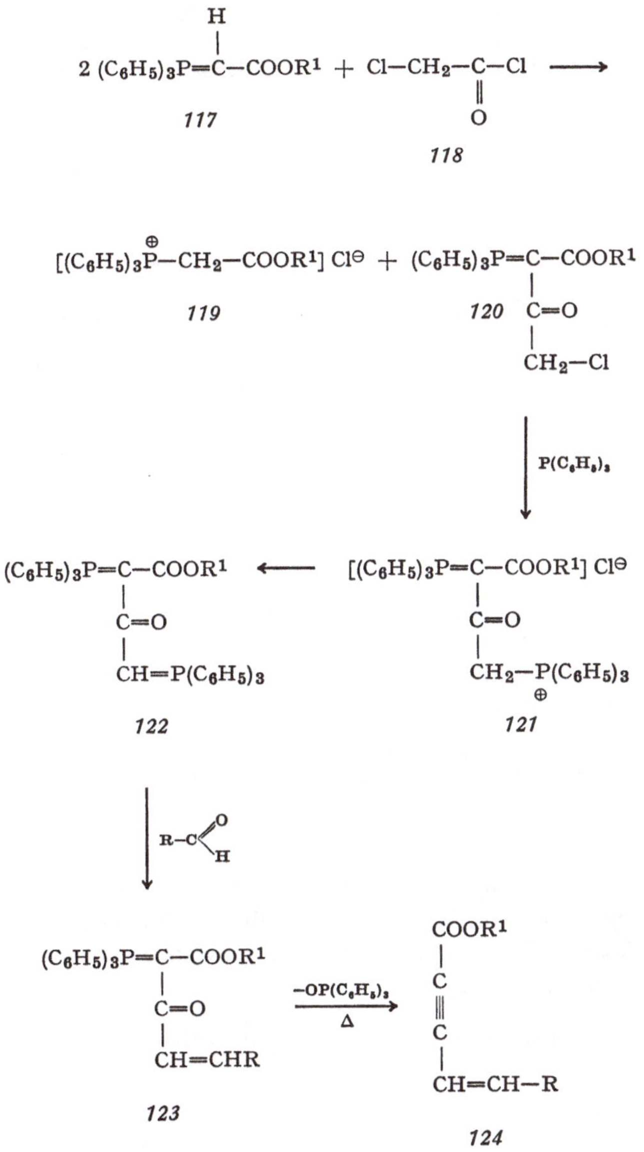

$$2 \ (C_6H_5)_3P{=}\overset{\overset{\displaystyle H}{|}}{C}{-}COOR^1 \ + \ Cl{-}CH_2{-}\overset{\overset{\displaystyle }{\|}}{\underset{\underset{\displaystyle O}{}}{C}}{-}Cl \ \longrightarrow$$

117   118

$$[(C_6H_5)_3\overset{\oplus}{P}{-}CH_2{-}COOR^1] \ Cl^{\ominus} \ + \ (C_6H_5)_3P{=}C{-}COOR^1$$

119   120   C=O

             CH$_2$—Cl

$\big\downarrow$ P(C$_6$H$_5$)$_3$

$(C_6H_5)_3P{=}C{-}COOR^1 \quad \longleftarrow \quad [(C_6H_5)_3P{=}C{-}COOR^1] \ Cl^{\ominus}$

     C=O   C=O

    CH=P(C$_6$H$_5$)$_3$ CH$_2$—P(C$_6$H$_5$)$_3$
                                              $\oplus$

122   121

$\big\downarrow$ R–C$\overset{\displaystyle O}{\underset{\displaystyle H}{\diagup}}$

$(C_6H_5)_3P{=}C{-}COOR^1 \qquad\qquad\qquad COOR^1$

     C=O $\xrightarrow[\Delta]{-OP(C_6H_5)_3}$ C

     CH=CHR   C

                                   CH=CH–R

123   124

Man erhält das Ylid *120*, das sich mit Triphenylphosphin zum Salz *121* umsetzen läßt, das seinerseits mit 2%iger NaOH in das stabile Bisylid *122* übergeht [67]. Ausgehend vom Cyanmethylen-triphenylphosphoran *125*, kommt man in gleicher Reaktionsfolge zum Bisylid *126* [67].

$$
\underset{125}{(C_6H_5)_3P{=}\overset{\overset{\textstyle H}{|}}{C}{-}CN} \longrightarrow \underset{126}{(C_6H_5)_3P{=}\overset{\overset{\textstyle CN}{|}}{\underset{\underset{\textstyle CH{=}P(C_6H_5)_3}{|}}{\underset{\textstyle C{=}O}{|}}}C} \xrightarrow{\;R{-}C\diagup^{H}_{\diagdown O}\;}
$$

$$
\underset{127}{(C_6H_5)_3P{=}\overset{\overset{\textstyle CN}{|}}{\underset{\underset{\underset{\underset{\textstyle R}{|}}{\overset{\textstyle CH}{\|}}}{\underset{\textstyle CH}{|}}}{\underset{\textstyle C{=}O}{|}}}C} \xrightarrow[-OP(C_6H_5)_3]{\Delta} \underset{128}{\overset{\overset{\textstyle CN}{|}}{\underset{\underset{\underset{\underset{\textstyle R}{|}}{\overset{\textstyle CH}{\|}}}{\underset{\textstyle CH}{|}}}{\overset{\textstyle C}{\|}}}C}
$$

Chopard erhielt früher die Verbindung *121* auf zwei verschiedenen Wegen [68]:

a) Durch Alkylierung von *117* mit dem als aktivierten Ester aufzufassenden Phosphoniumsalz *119*:

$$
117 + \underset{119}{\left[\overset{\overset{\textstyle CH_2{-}COOR^1}{|}}{{}^{\oplus}P(C_6H_5)_3}\right]Cl^{\ominus}} \longrightarrow 121 + ROH
$$

b) Durch Umsetzung von Triphenylphosphin mit Chloracetylchlorid *118* und anschließende Umsetzung der entstandenen Verbindung *129* mit Alkoholen R¹OH nach folgendem, im Ganzen noch nicht exakt aufgeklärten Reaktionsweg:

$$
\underset{118}{(C_6H_5)_3P + Cl{-}CH_2{-}COCl} \longrightarrow [(C_6H_5)_3\overset{\oplus}{P}{-}CH_2{-}COCl]\,Cl^{\ominus} \xrightarrow[-HCl]{P(C_6H_5)_3}
$$

$$
\underset{129}{(C_6H_5)_3P{=}\overset{\overset{\textstyle H}{|}}{C}{-}COCl} \xrightarrow{\underset{P(C_6H_5)_3}{118}} \left[(C_6H_5)_3P{=}C\diagup^{\textstyle COCl}_{\diagdown \underset{\underset{\textstyle O}{\|}}{C}{-}CH_2{-}\overset{\oplus}{P}(C_6H_5)_3}\right]Cl^{\ominus}
$$

$$
\downarrow{\scriptstyle R^1{-}OH}
$$

$$
121
$$

Wittig-Reaktion von *122* mit Aldehyden ergab die Monoylide *123* [68]. Analog dürften die Verbindungen *126* in die Cyanylide *127* zu überführen sein. Erstaunlicherweise wurden weder die Ylide *123* noch *127* pyrolysiert. Dabei sollten nach bisherigen Erfahrungen [69] die Acetylenderivate *124* und *128* gebildet werden.

Bei der Pyrolyse von *120* in Gegenwart katalytischer Mengen einer Carbonsäure entsteht ein sehr stabiles Ylid *130* und die Chlorverbindung R^1Cl [70].

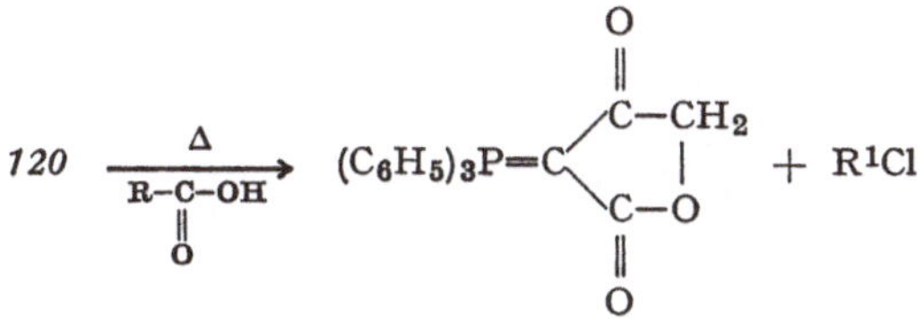

$$120 \quad \xrightarrow[\text{R-C-OH}]{\Delta} \quad (C_6H_5)_3P=C \underset{\underset{O}{\overset{\|}{C}}-O}{\overset{\overset{O}{\overset{\|}{C}}-CH_2}{<}} \quad + \quad R^1Cl$$

130

Der Mechanismus dieser und ähnlicher Reaktionen, die in Zusammenhang mit l. c. 9 stehen, werden wir an anderer Stelle diskutieren [71].

d) Synthese von Acetylenderivaten

Möglichkeiten, Acetylenderivate aus Acylyliden zu synthetisieren, wurden schon früher besprochen [1]. Neuere Variationen seien hier mitgeteilt:

α) Acetylenketone

Setzt man Acylphosphinalkylene *73* mit Carbonsäureanhydriden *131* um, so findet C-Acylierung zu den gegen Wittig-Reaktionen inerten Yliden *132* statt, deren Thermolyse erwartungsgemäß [69] Acetylenketone *133a* und *133b* liefert [72].

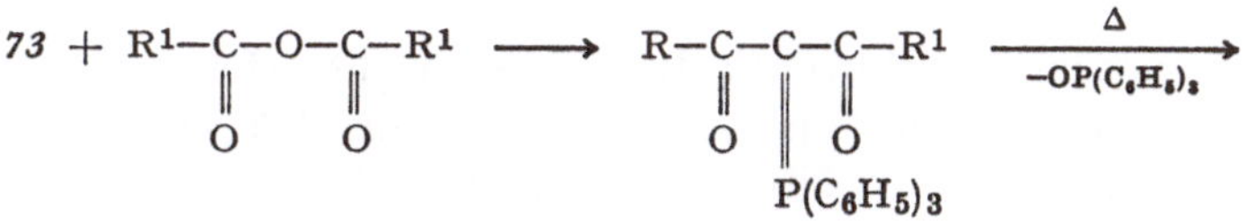

$$73 + R^1-\underset{\underset{O}{\|}}{C}-O-\underset{\underset{O}{\|}}{C}-R^1 \longrightarrow R-\underset{\underset{O}{\|}}{C}-\underset{\underset{P(C_6H_5)_3}{\|}}{C}-\underset{\underset{O}{\|}}{C}-R^1 \xrightarrow[-OP(C_6H_5)_3]{\Delta}$$

$$\qquad\qquad\quad 131 \qquad\qquad\qquad\qquad 132$$

$$R-C\equiv C-\underset{\underset{O}{\|}}{C}-R^1 \quad \text{oder} \quad R-\underset{\underset{O}{\|}}{C}-C\equiv C-R^1$$

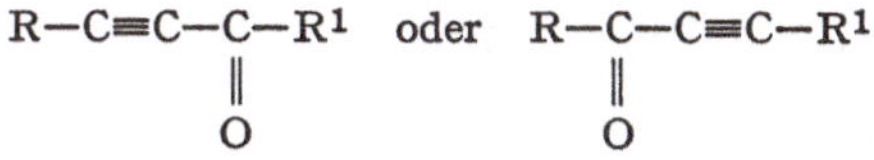

$$\qquad 133a \qquad\qquad\qquad 133b$$

33

Eine Abhängigkeit der Entstehung von *133a* und *133b* von R und R[1] ist bisher nicht publiziert.

β) *Diarylacetylene*

Nach der Umsetzung des Ylides *134* mit Benzoylchlorid bei 60 °C isoliert man neben dem aus *134* entstandenen Phosphoniumchlorid und Triphenylphosphinoxid das Acetylenderivat *136* [73].

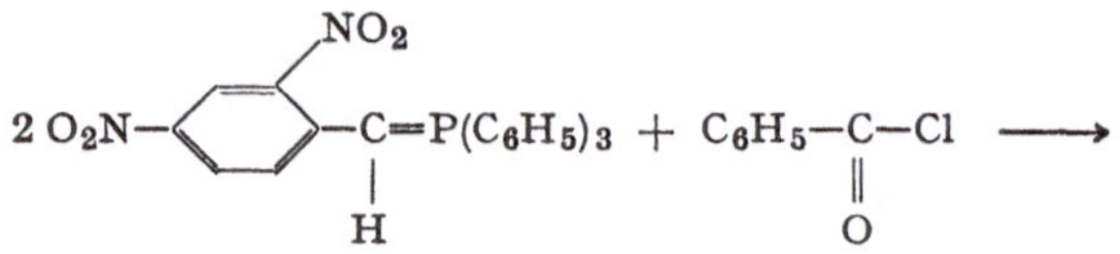

$$2\ O_2N-\!\!\!\underset{}{\bigcirc}\!\!\overset{NO_2}{-}\underset{H}{\overset{|}{C}}\!=\!P(C_6H_5)_3\ +\ C_6H_5-\underset{O}{\overset{\|}{C}}-Cl\ \longrightarrow$$

134

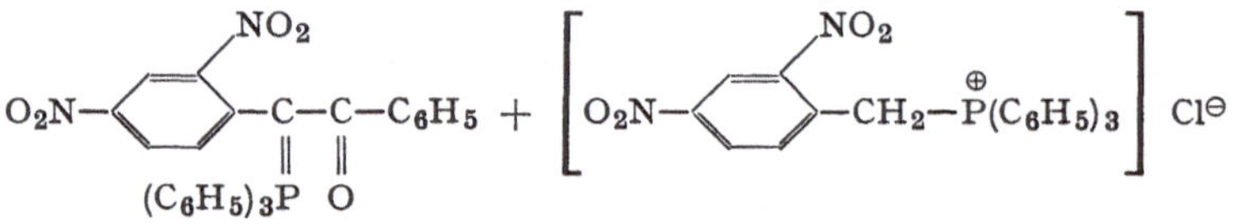

$$O_2N-\!\!\!\underset{}{\bigcirc}\!\!\overset{NO_2}{-}\underset{(C_6H_5)_3P}{\overset{|}{C}}\!-\!\underset{O}{\overset{\|}{C}}-C_6H_5\ +\ \left[O_2N-\!\!\!\underset{}{\bigcirc}\!\!\overset{NO_2}{-}CH_2-\overset{\oplus}{P}(C_6H_5)_3\right]Cl^{\ominus}$$

135

$$\downarrow \Delta$$

$$O_2N-\!\!\!\underset{}{\bigcirc}\!\!\overset{NO^2}{-}C\!\equiv\!C-C_6H_5\ +\ OP(C_6H_5)_3$$

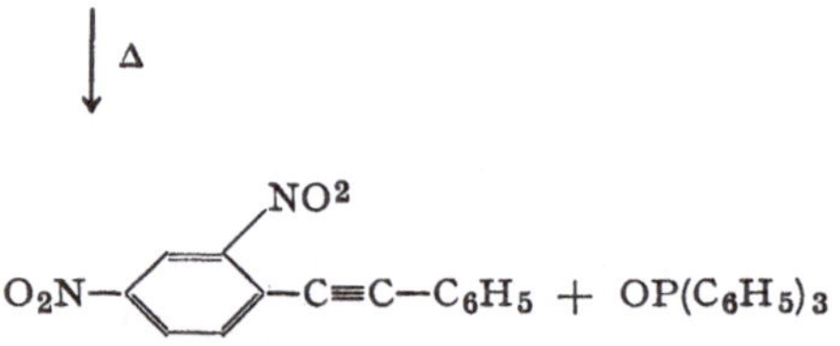

136

Das zunächst gebildete Acylylid *135* zerfällt sofort in Triphenylphosphinoxid und *136*. Schon früher wurde aus dem Benzoylylid *137* beim Erhitzen auf 300 °C Tolan *138* erhalten [74].

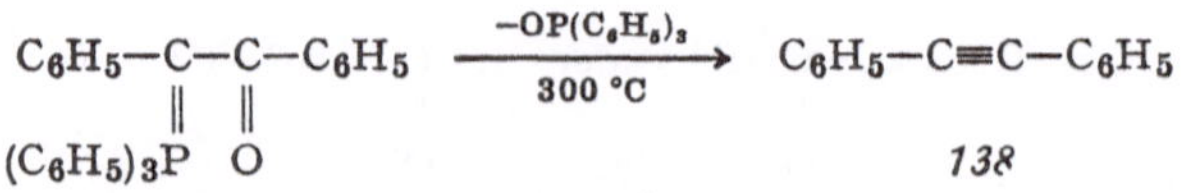

$$C_6H_5-\underset{(C_6H_5)_3P}{\overset{|}{C}}\!-\!\underset{O}{\overset{\|}{C}}-C_6H_5\ \xrightarrow[300\ °C]{-OP(C_6H_5)_3}\ C_6H_5-C\!\equiv\!C-C_6H_5$$

137 *138*

e) Synthese α-verzweigter β-Ketocarbonsäureester

Wie früher beschrieben [1,75)], reagieren Ylide *102* (R $\neq$ H) mit Säurechloriden *139* zu Phosphoniumsalzen *140*, die mit einem zweiten Mol Ylid *102* als Base unter γ-Eliminierung (Weg c) weiterreagieren können. Dabei bilden sich ein Phosphoniumsalz *143* und ein durch zwei mesomere Formen beschreibbares Betain *142*, das sofort in Triphenylphosphinoxid und einen Allencarbonsäureester *144* zerfällt.

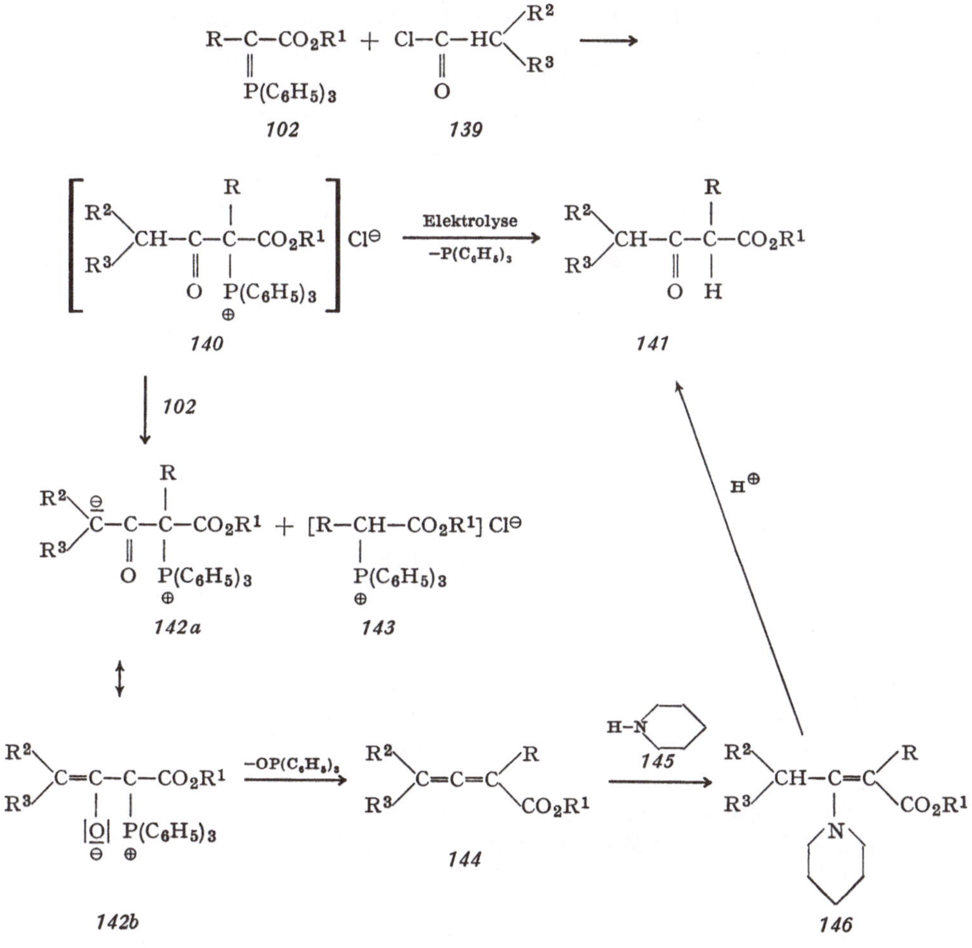

Setzt man *102* und *139* im Molverhältnis 2:1 um, so isoliert man neben Triphenylphosphinoxid die Verbindungen *143* und *144* [75)]. Bei der Reaktion von *102* und *139* im Molverhältnis 1:1 bei 0—20° lassen sich jedoch die primär gebildeten Phosphoniumsalze *140* isolieren. Die Elektrolyse der Salze *140* in wäßriger Lösung unter Verwendung einer Quecksilberelektrode liefert neben Triphenylphosphin α-verzweigte β-Ketocarbonsäureester *141* [76,77]. Die Ausbeuten an *140* fallen jedoch stark ab, wenn man von Yliden *102* ausgeht. in denen R größer als CH_3 ist. In diesen Fällen konnte die Entstehung großer Mengen Allencarbonsäureester *144* nachgewiesen werden. Durch sterische Hinderung wird also für R > CH_3 die Reaktionsgeschwindigkeit *102* + *139* → *140* von der gleichen Größenordnung oder kleiner als die Geschwindigkeit der Reaktion *140* + *102* → *142* + *143*, wobei *142* gleich in *144* übergeht. Diese Schwierigkeit zur Synthese von *141* läßt sich dadurch umgehen, daß man aus 2 Mol *102* und 1 Mol *139* den Allencarbonsäureester *144* herstellt. Dieser setzt sich mit Piperidin *145* zum Enamin *146* um, das sich mit $2 \, nH_2SO_4$ zu den β-Ketoestern *141* verseifen läßt.

Da man die Ylide *102* leicht aus den Phosphinalkylenen *34* und Chlorameisensäureestern *147* gewinnen kann [1,78,49], eröffnen die aufgezeigten Wege eine variationsreiche Methode zum Aufbau der Verbindungen *141*.

$$2\ R\!-\!CH\!=\!P(C_6H_5)_3 \ + \ \underset{\underset{O}{\|}}{Cl\!-\!C\!-\!OR^1} \ \longrightarrow \ 102 \ + \ [R\!-\!CH_2\!-\!\overset{\oplus}{P}(C_6H_5)_3]\ Cl^{\ominus}$$

$$\qquad\quad 34 \qquad\qquad\quad 147$$

f) Synthese von Allenen

Die von uns entwickelte Synthese von Allencarbonsäureestern wurde schon in l. c. 1 und im vorigen Abschnitt S. **35** besprochen. Ist R^1 in *102* chiral und optisch aktiv, d. h. man hat *147* aus einem optisch aktiven Alkohol und Phosgen hergestellt, dann führt die Umsetzung von 2 Mol *102* mit 1 Mol *139* zu einer Verbindung *144*, die nach der Verseifung eine optisch aktive Allencarbonsäure liefert [79].

Setzt man chirale, optisch aktive Säurechloride *139* mit achiralen Yliden *102* um, so ist der entstehende Ester *144* ebenfalls optisch aktiv [59].

Wir haben inzwischen geprüft, inwieweit man ganz allgemein aus 2 Mol Yliden *46* und 1 Mol Säurechloriden *139* auf folgendem Wege Allene *149* erhalten kann.

$$\underset{46}{\overset{R}{\underset{R^1}{\diagup}}C\!=\!P(C_6H_5)_3} \ + \ \underset{\underset{O}{\|}}{\underset{139}{Cl\!-\!C\!-\!HC\overset{R^2}{\underset{R^3}{\diagdown}}}} \ \longrightarrow \ \left[\underset{\underset{\oplus}{P(C_6H_5)_3}}{\overset{R}{\underset{R^1}{\diagup}}C}\!-\!\!-\!\!-\!\underset{\underset{O}{\|}}{C}\!-\!HC\overset{R^2}{\underset{R^3}{\diagdown}}\right] Cl^{\ominus}$$

$$\qquad\qquad\qquad\qquad\qquad\qquad\qquad\qquad 147$$

$$147 + 46 \longrightarrow \underset{147a}{\begin{array}{c} R \\ R^1 \end{array}} C \underset{\overset{\oplus}{P(C_6H_5)_3}}{\overset{|}{—}} C \overset{R^2}{\underset{\ominus}{\underset{O}{\overset{\|}{—}C}}} R^3 + \left[\underset{R^1}{\overset{R}{}} CH \overset{\oplus}{—} \overset{}{P(C_6H_5)_3} \right] Cl^{\ominus}$$

$$148$$

$$\updownarrow$$

$$\underset{147b}{\begin{array}{c} R \\ R^1 \end{array}} C \underset{\overset{\oplus}{P(C_6H_5)_3}}{\overset{|}{—}} C \underset{\overset{|}{\underset{\ominus}{|O|}}}{=} C \overset{R^2}{\underset{R^3}{}} \longrightarrow \underset{R^1}{\overset{R}{}} C = C = C \overset{R^2}{\underset{R^3}{}} + OP(C_6H_5)_3$$

$$149$$

Zunächst bildet sich aus dem Ylid *46* und dem Säurechlorid *139* ein Phosphoniumsalz *147*. Das zweite Mol Ylid eliminiert in *147* ein Proton in γ-Stellung zum Phosphor (Weg c), unter Bildung des Betains *147* (Mesomere Formen *147a* und *147b*) und des Phosphoniumsalzes *148*. *147* zerfällt dann in das Allen *149* und Triphenylphosphinoxid.

Im Folgenden sollen die Ergebnisse unserer Untersuchungen diskutiert werden [3f,81]. Die Tabelle 3 gibt zunächst einen Überblick über gelungene Allensynthesen.

Tabelle 3. *Allene 149 aus der Reaktion von 2 Mol Ylid* $\begin{array}{c} R \\ R^1 \end{array} C{=}P(C_6H_5)_3$ *46 mit einem Mol Säurechlorid* $\begin{array}{c} R^2 \\ R^3 \end{array} CHCOCl$ *139*

Nr.	R	R¹	R²	R³	isoliertes Allen *149*	Ausbeute an *149* in % d. Th.
1	CH_3	C_6H_5	H	H	$\begin{array}{c} C_6H_5 \\ CH_3 \end{array}C{=}C{=}CH_2$	66
2	CH_3	C_6H_5	H	C_2H_5	$\begin{array}{c} C_6H_5 \\ CH_3 \end{array}C{=}C{=}C\begin{array}{c} H \\ C_2H_5 \end{array}$	63
3	CH_3	C_6H_5	cycl—C_6H_{11}		$\begin{array}{c} C_6H_5 \\ CH_3 \end{array}C{=}C{=}C\langle\bigcirc$	61
4	CH_3	C_6H_5	C_6H_5	C_6H_5	$\begin{array}{c} C_6H_5 \\ CH_3 \end{array}C{=}C{=}C\begin{array}{c} C_6H_5 \\ C_6H_5 \end{array}$	40
5	CH_3	CH_3	C_6H_5	C_6H_5	$\begin{array}{c} CH_3 \\ CH_3 \end{array}C{=}C{=}C\begin{array}{c} C_6H_5 \\ C_6H_5 \end{array}$	64

Die Tabelle zeigt, daß es leicht gelingt, Allene darzustellen, wenn im Ylid *46* R aromatisch und R^1 aliphatisch ist. Die Substituenten R^2 und R^3 im Säurechlorid *139* können beliebig variiert werden. Im Versuch Nr. 5 der Tabelle 3 isolierten wir das Betain *147* ($R=R^1=CH_3$; $R^2=R^3=C_6H_5$), das Wittig [80)] aus dem gleichen Ylid und Diphenylketen ebenfalls erhielt, und das erst beim Erhitzen auf 150 °C in das entsprechende Allen und Triphenylphosphinoxid zerfällt.

Wir konnten eine Reihe weiterer Betaine *147*, ausgehend von Yliden mit aliphatischen Resten R und R^1 und Säurechloriden mit mindestens einem aromatischen Rest R^2 oder R^3 isolieren, bei deren Thermolyse jedoch nur polymere Produkte entstanden. Die Struktur und die Reaktionen dieser „Betaine" *147* werden zur Zeit untersucht.

Aus dem Isopropyliden-triphenylphosphoran *150* und Acetylchlorid *151* bildet sich bei Raumtemperatur neben dem Salz *153* das isolierbare Betain *152*.

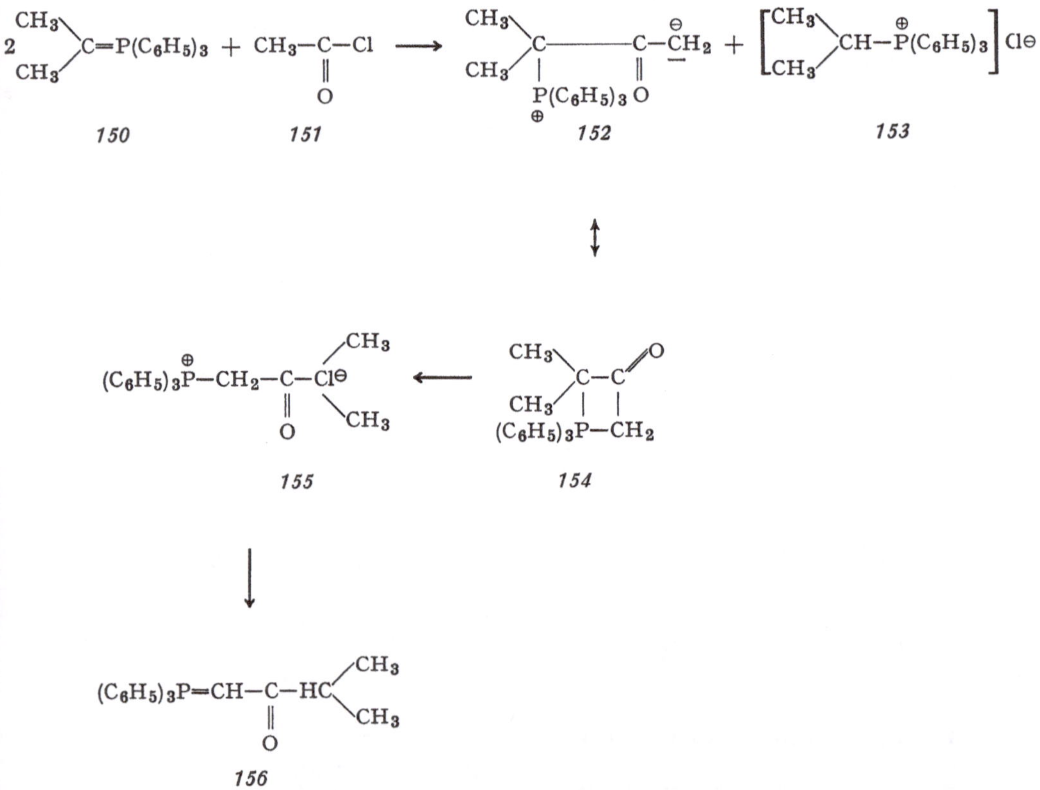

38

Das Betain *152* lagert sich beim Erwärmen in das Ylid *156* um [81]. Wir nehmen dabei an, daß zunächst der viergliedrige Übergangszustand *154* mit fünfbindigem Phosphor durchlaufen wird, der sich zum neuen Betain *155* öffnet, das dann durch Protonenwanderung das stabile Acylylid *156* ergibt. Ähnliche Umlagerungen beobachten wir bei Betainen, die aus der Umsetzung von Yliden *46* mit 2 aliphatischen Resten R und R¹ mit Acetylchlorid *151* resultierten [81].

Setzt man das Ylid *150* mit Propionylchlorid *157* um, so fällt das Salz *153* aus. Die Bildung des Betains *158* läßt sich nachweisen. Es lagert sich jedoch nicht wie *152* um, sondern reagiert in noch ungeklärter Weise mit einem weiteren Mol *150* unter Abspaltung von Triphenylphosphin und Triphenylphosphinoxid zum Cyclopropanderivat *159* [82].

$$2 \; \underset{CH_3}{\overset{CH_3}{\diagdown}}C=P(C_6H_5)_3 \; + \; CH_3-CH_2-\underset{\underset{O}{\parallel}}{C}-Cl \; \longrightarrow \; \underset{CH_3}{\overset{CH_3}{\diagdown}}C\underset{\underset{\oplus}{P(C_6H_5)_3}}{\diagup\vert}\quad C\underset{\overset{\parallel}{O}}{}\overset{\overset{H}{\vert}}{C}-CH_3 \; + \; 153$$

$$\text{150} \qquad\qquad \text{157} \qquad\qquad\qquad\qquad \text{158}$$

$$\Big\downarrow \text{150}$$

$$\underset{CH_3}{\overset{H}{\diagdown}}\underset{\underset{CH_3}{\overset{\vert}{C}}\diagdown CH_3}{\overset{\diagup}{C}}\underset{\diagdown}{\overset{\diagup}{}}C=C\underset{\diagdown CH_3}{\overset{\diagup CH_3}{}} \; + \; OP(C_6H_5)_3 \; + \; P(C_6H_5)_3$$

$$\text{159}$$

Zur Zeit wird der Mechanismus dieser Reaktion und ihre Allgemeingültigkeit als Methode zur Darstellung von Cyclopropanderivaten mit exocyclischer Doppelbindung geprüft.

g) Synthese von Bisacyl-bisyliden und Folgereaktionen

Bis-thiocarbonsäure-S-diäthylester *160* reagieren mit Methylentriphenylphosphoran *90* zu den Bisacyl-bisyliden *161* [83].

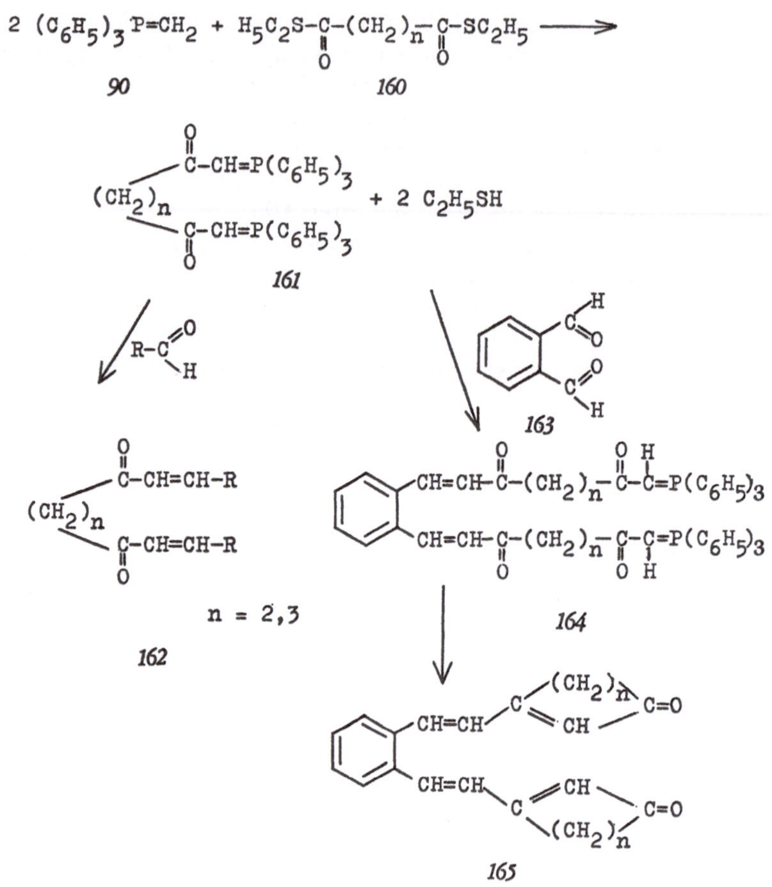

$$2 \; (C_6H_5)_3 P{=}CH_2 \;+\; H_5C_2S{-}\underset{O}{\overset{O}{C}}{-}(CH_2)_{\overline{n}}\underset{O}{\overset{O}{C}}{-}SC_2H_5 \longrightarrow$$

90   **160**

$$(CH_2)_n \overset{\displaystyle \overset{O}{\overset{\|}{C}}{-}CH{=}P(C_6H_5)_3}{\underset{\displaystyle \underset{O}{\overset{\|}{C}}{-}CH{=}P(C_6H_5)_3}{\Bigg\langle}} \;+\; 2 \; C_2H_5SH$$

161

$$R{-}C\overset{\nearrow O}{\searrow_H}$$

$$(CH_2)_n \overset{\displaystyle \overset{O}{\overset{\|}{C}}{-}CH{=}CH{-}R}{\underset{\displaystyle \underset{O}{\overset{\|}{C}}{-}CH{=}CH{-}R}{\Bigg\langle}}$$

n = 2,3

162

163

$$\overset{CH{=}CH{-}\overset{O}{\overset{\|}{C}}{-}(CH_2)_{\overline{n}}\overset{O\;H}{\overset{\|\;|}{C}{-}C}{=}P(C_6H_5)_3}{\underset{CH{=}CH{-}\underset{O}{\overset{\|}{C}}{-}(CH_2)_{\overline{n}}\underset{O\;H}{\overset{|\;|}{C}{-}C}{=}P(C_6H_5)_3}{}}$$

164

165

Die Bisylide *161* reagieren mit Aldehyden zu den Bis-α,β-ungesättigten-bis-ketonen *162*. Mit Phtaldialdehyd *163* entstehen intermediär die Bisylide *164*, die durch intramolekulare Wittig-Reaktion in die interessanten Verbindungen *165* übergehen [83].

8. Ringschlußreaktionen

a) Ringschlußreaktionen durch intramolekulare C-Alkylierung

Die bisher behandelten Reaktionen organischer Halogenverbindungen mit Yliden waren intermolekulare Reaktionen. Bei intramolekularem Reaktionsverlauf sollte man nach folgendem Schema Ringschlüsse erzielen können:

$$\begin{array}{c} Y{\Large\langle}\begin{array}{l}CH_2-X\\CH_2-X\end{array} + P(C_6H_5)_3 \longrightarrow \left[Y{\Large\langle}\begin{array}{l}CH_2-\overset{\oplus}{P}(C_6H_5)_3\\CH_2-X\end{array}\right] X^{\ominus} \xrightarrow{\text{Base}} \\ \qquad\qquad 166 \qquad\qquad\qquad\qquad\qquad\qquad 167 \end{array}$$

$$\begin{array}{c} Y{\Large\langle}\begin{array}{l}\overset{\displaystyle H}{\underset{\displaystyle}{|}}\\C{=}P(C_6H_5)_3\\CH_2{-}X\end{array} \longrightarrow \left[Y{\Large\langle}\begin{array}{l}\overset{\displaystyle H}{\underset{\displaystyle}{|}}\\C-P(C_6H_5)_3\\CH_2\end{array}\right] X^{\ominus} \\ \qquad\quad 168 \qquad\qquad\qquad\qquad 169 \end{array}$$

Aus einer Dihalogenverbindung *166* stellt man mit 1 Mol Triphenylphosphin das Monophosphoniumsalz *167* her, das mit einer Base in das korrespondierende Ylid *168* überführt wird und das dann durch intramolekulare nucleophile Substitution das cyclische Phosphoniumsalz *169* ergibt.

Voraussetzung ist, daß man aus *166* und 1 Mol Triphenylphosphin eindeutig das Monophosphoniumsalz bekommt. Dies ist in der rein aliphatischen Reihe mit $Y = (CH_2)n$ jedoch nur für $n = 1$ und 2 der Fall [1,12,84,87], da man für $n > 2$ nicht trennbare Gemische der Mono- und Bisphosphoniumsalze erhält [1,87].

Gezielte Ringschlußreaktion durch intramolekulare C-Alkylierungen von Phosphinalkylenen sind also nur ausgehend von Bishalogenverbindungen möglich, die entweder zwei gleichwertige C-Halogenbindungen aufweisen, jedoch mit 1 Mol Triphenylphosphin ein Monophosphoniumsalz bilden, oder die zwei verschiedene reaktionsfähige C-Halogenbindungen besitzen, von denen sich eine bevorzugt mit dem Phosphin umsetzt. Zur ersten Gruppe gehören — wie wir fanden — [86-88] die Bisbrommethylarylverbindungen vom Typ *170* mit $n = 0$. Für *170* mit $n > 0$ ist die am aromatischen Kern (Ar) befindliche Brommethylgruppe wesentlich reaktionsfähiger als das am Ende der aliphatischen Gruppe sitzende Bromatom, so daß in unpolaren Lösungsmitteln die Bildung der Monophosphoniumsalze *171* rasch erfolgt. Mit 1 Mol Base bildet sich aus *171* das Ylid *172*, das man durch intramolekulare nucleophile Substitution (intramolekulare C-Alkylierung) in das cyclische Phosphoniumsalz *173* überführen kann.

$$\begin{array}{c} Ar{\Large\langle}\begin{array}{l}CH_2-Br\\(CH_2)_n-CH_2-Br\end{array} + P(C_6H_5)_3 \longrightarrow \left[Ar{\Large\langle}\begin{array}{l}CH_2-\overset{\oplus}{P}(C_6H_5)_3\\(CH_2)_n-CH_2-Br\end{array}\right] Br^{\ominus} \\ \qquad\qquad 170 \qquad\qquad\qquad\qquad\qquad\qquad 171 \end{array}$$

$$\xrightarrow{\text{Base}} \quad Ar \underset{(CH_2)_n-CH_2-Br}{\overset{H}{\underset{|}{\underset{}{C=P(C_6H_5)_3}}}} \quad \longrightarrow \quad \left[\begin{array}{c} H\diagdown \underset{C}{} \diagup \overset{\oplus}{P}(C_6H_5)_3 \\ Ar\diagup \qquad \diagdown CH_2 \\ (CH_2)_n \end{array} \right] Br^{\ominus}$$

$$172 \qquad\qquad\qquad 173$$

$$H_2O \diagup OH^{\ominus} \qquad\qquad \Delta \diagdown -(C_6H_5)_3P \cdot HBr$$

$$\xrightarrow{\text{Base}} \quad Ar\underset{(CH_2)_n}{\overset{P(C_6H_5)_3}{\underset{}{\overset{\|}{\underset{}{C}}}}}CH_2 \qquad \xrightarrow{H_2O} \quad Ar\underset{(CH_2)_n}{\overset{H_2}{\underset{}{\overset{}{\underset{}{C}}}}}CH_2 \qquad Ar\underset{(CH_2)_n}{\overset{H}{\underset{}{\overset{}{\underset{}{C}}}}}CH$$

$$174 \qquad\qquad\qquad 175 \qquad\qquad\qquad 176$$

$$\downarrow R-C\overset{O}{\underset{H}{\diagup}}$$

$$Ar\underset{(CH_2)_n}{\overset{CHR}{\underset{}{\overset{\|}{\underset{}{C}}}}}CH_2$$

$$177$$

Die so entstandenen Phosphoniumsalze *173* können mit einem weiteren Mol Base in die Ylide *174* überführt werden. Mit Wasser erhält man aus *174* neben Triphenylphosphinoxid Kohlenwasserstoffe *175*, die auch bei der alkalischen Hydrolyse von *173* entstehen. Wittig-Reaktion von *174* mit Aldehyden führt zu Verbindungen *177* mit exocyclischer Doppelbindung. Bei der thermischen Zersetzung der Phosphoniumsalze *173* entstehen neben Triphenylphosphinhydrobromid die Cycloolefine *176*. Da man von Dihalogenverbindungen *170* ausgeht, bei denen sich die Halogenatome an Substituenten von Aromaten befinden, sind die Verbindungen *173* bis *177* polycyclisch. Im Folgenden seien die jeweiligen Kohlenwasserstoffe *175* aufgeführt, die nach diesem Prinzip synthetisiert wurden; dabei erfolgt der Ringschluß unter Ausbildung eines 5-, 6- oder 7-Ringes. In den meisten Fällen wurden auch die Verbindungen vom Typ *176* und *177* dargestellt [87,88].

Ausbildung eines 5-Ringes

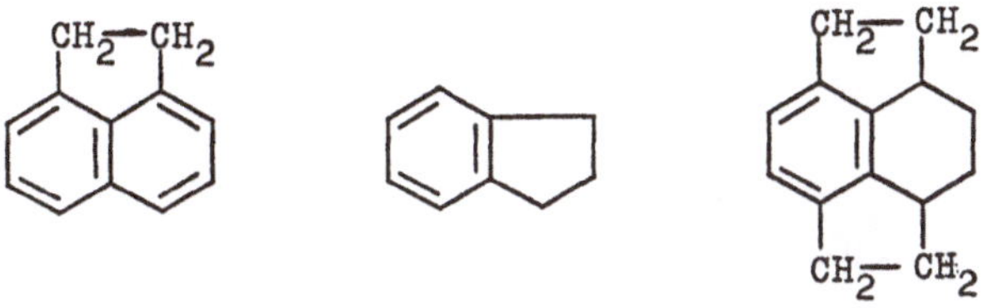

Ausbildung eines 6-Ringes

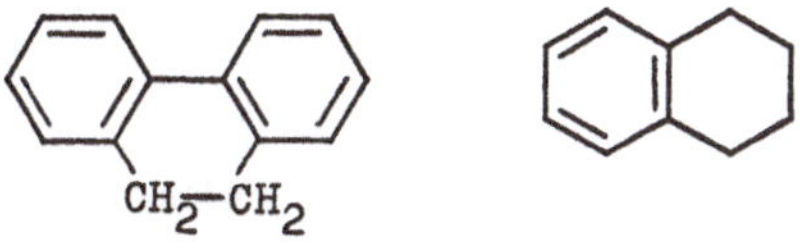

Ausbildung eines 7-Ringes

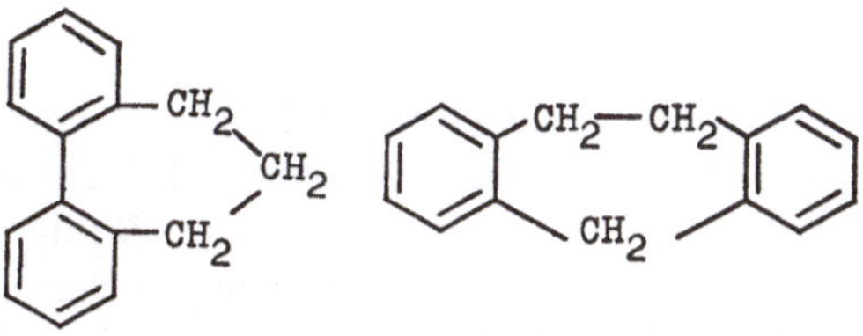

b) Ringschlüsse durch kombinierte intra- und intermolekulare C-Alkylierung

Im vorigen Abschnitt wurde gezeigt, daß die Synthese monocyclischer Verbindungen durch intramolekulare C-Alkylierung weitgehend daran scheitert, daß man die notwendigen Monophosphoniumsalze mit ω-ständigem Halogenatom bis auf wenige Ausnahmen nicht darstellen kann. Wir haben nun gefunden, daß man durch Kombination der intermolekularen mit der intramolekularen C-Alkylierung von Phosphinalkylenen diese Schwierigkeiten umgehen kann. Die neue, variationsreiche Ringschlußmethode verläuft nach folgendem allgemeinen Schema [89]:

43

$$Y\underset{CH_2-X}{\overset{CH_2-X}{<}} + CH_2=P(C_6H_5)_3 \longrightarrow \left[Y\underset{CH_2-X}{\overset{CH_2-CH_2-\overset{\oplus}{P}(C_6H_5)_3}{<}}\right]X^{\ominus} \overset{90}{\rightleftharpoons}$$

$$166 \qquad\qquad 90 \qquad\qquad\qquad\qquad\qquad 178$$

$$Y\underset{CH_2-X}{\overset{CH_2-CH=P(C_6H_5)_3}{<}} + [H_3C-\overset{\oplus}{P}(C_6H_5)_3]\, X^{\ominus}$$

$$\Big\downarrow\; 179 \qquad\qquad\qquad 180$$

$$\left[Y\underset{CH_2}{\overset{CH_2}{<}}CH-\overset{\oplus}{P}(C_6H_5)_3\right]\, X^{\ominus}$$

$$181$$

$$\Big\downarrow\; \text{Base}$$

$$Y\underset{CH_2}{\overset{CH_2}{<}}C=P(C_6H_5)_3$$

$$182$$

$$Y\underset{CH_2}{\overset{CH_2}{<}}C=O + OP(C_6H_5)_3$$

$$184$$

$$Y\underset{CH_2}{\overset{CH_2}{<}}C=\underset{H}{\overset{}{C}}-R + OP(C_6H_5)_3$$

$$183$$

(Reaktionspfeile: O_2 bzw. $R-C\overset{O}{\underset{H}{\big<}}$)

Man setzt 1 Mol einer Dihalogenverbindung *166* mit 2 Mol Methylentriphenylphosphoran *90* um. Aus *166* und *90* bildet sich durch intermolekulare C-Alkylierung ein Phosphoniumsalz *178*, das zusammen mit dem zweiten Molekül Ylid *90* im Umylidierungsgleichgewicht mit dem Methyl-triphenylphosphoniumhalogenid *180* und dem halogenhaltigen Phosphinalkylen *179* steht. *179* geht durch intramolekulare C-Alkylierung in das cyclische Phosphoniumsalz *181* über. Dadurch wird das Umylidierungsgleichgewicht ständig gestört, so daß die Reaktion vollständig unter Bildung von *180* und *181* abläuft. Die beiden Salze können durch Umkristallisieren aus wenig Wasser, in dem *180* gut löslich ist, getrennt werden. Als Reste X haben sich Brom, Jod und der Tosyloxyrest am besten bewährt.

Aus *181* läßt sich mit Basen das „cyclische" Ylid *182* darstellen, das in viele Ylidreaktionen eingesetzt werden kann. Mit Aldehyden erhält man z.B. die cyclischen Verbindungen *183* mit exocyclischer Doppelbindung und durch Autoxydation [90)] mit Sauerstoff cyclische Ketone *184*.

Bei dieser neuen Ringschlußmethode wird also zur C-Atomkette, die auch durch Heteroatome unterbrochen sein kann, ein C-Atom bei der Cyclisierung zugefügt. Im Folgenden sind Verbindungen aufgeführt, die so synthetisiert wurden, wobei nur das Ausgangsbishalogenid *166* und das Endprodukt *183* oder *184* aufgeführt sind [89b].

Ausbildung eines 4-Ringes

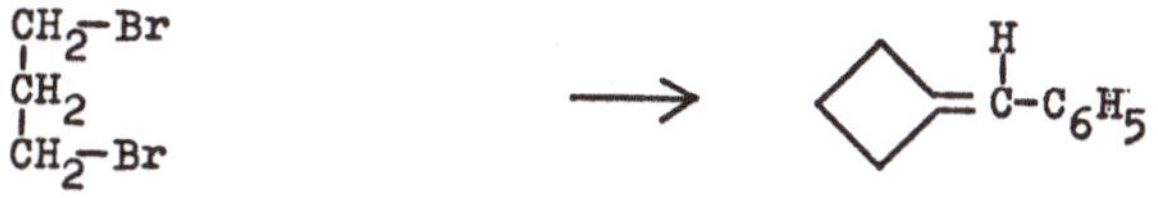
CH2-Br
CH2
CH2-Br
H
C-C6H5

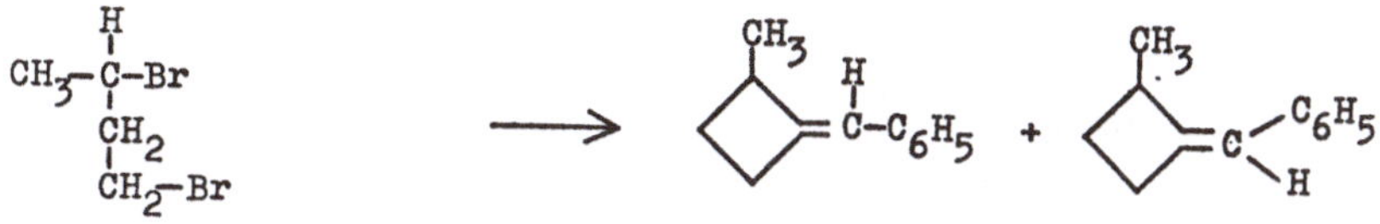
H
CH3-C-Br
CH2
CH2-Br
CH3
H
C-C6H5
+
CH3
C
C6H5
H

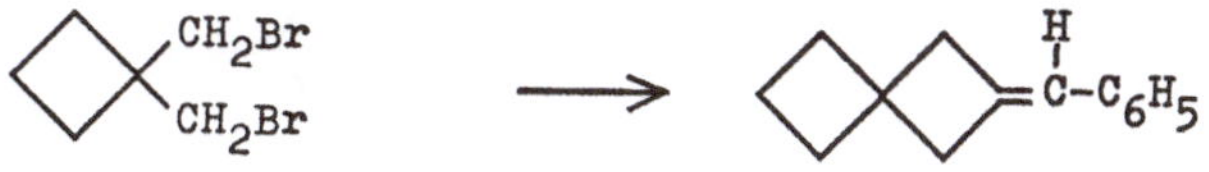
CH2Br
CH2Br
H
C-C6H5

Ausbildung eines 5-Ringes

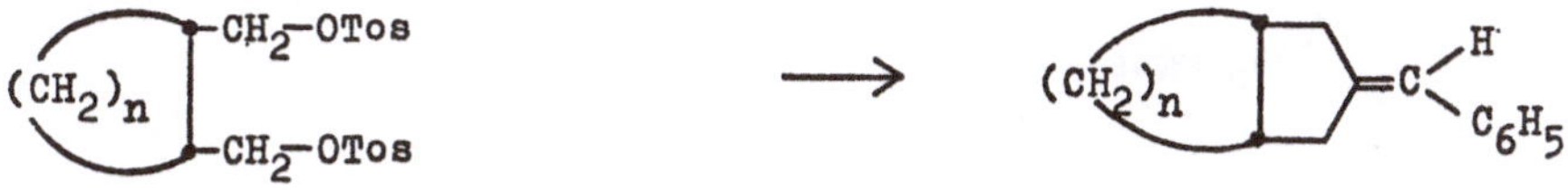
CH2-OTos
(CH2)n
CH2-OTos
(CH2)n
C
H
C6H5

n = 2,4

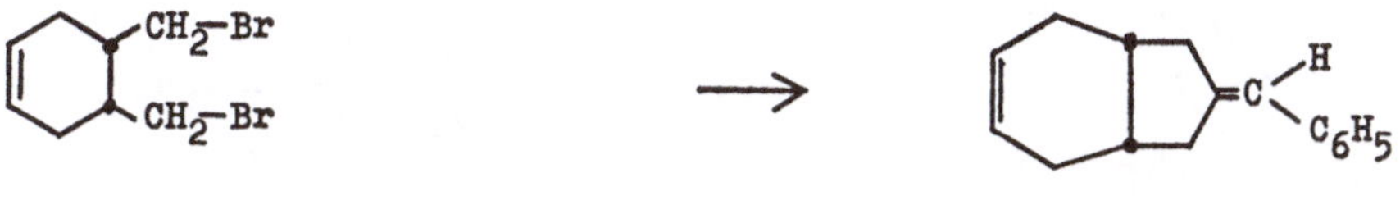
CH2-Br
CH2-Br
C
H
C6H5

Umsetzung von Phosphinalkylenen mit organischen Halogenverbindungen

$(CH_2)_2$ with CH_2-Br and CH_2-Br $\longrightarrow$ cyclopentanone

CH_2-OTos and CH_2-OTos on cyclopropane $\longrightarrow$ bicyclic $=C\begin{smallmatrix}H\\C_6H_5\end{smallmatrix}$

Ausbildung eines 6-Ringes

$(CH_2)_3$ with CH_2-X and CH_2-X $\longrightarrow$ $=C\begin{smallmatrix}H\\C_6H_5\end{smallmatrix}$

X = Br, OTos

X with CH_2-CH_2-Br and CH_2-CH_2-Br $\longrightarrow$ ring with X and $=O$

X = O, S

CH_2-OTos and CH_2-OTos on pyran ring $\longrightarrow$ $=CH-C_6H_5$

CH_2-OTos and CH_2-OTos on cyclobutane $\longrightarrow$ $=CH-C_6H_5$

46

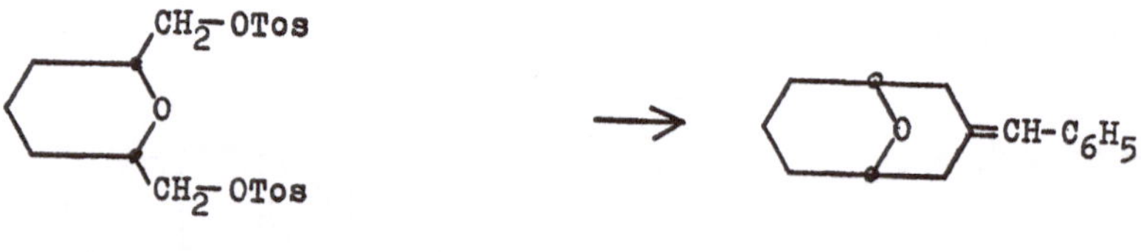

Ausbildung eines 7-Ringes

Die Leistungsfähigkeit dieser Methode zeigt sich daran, daß es mit ihrer Hilfe erstmalig gelang, ausgehend von einem Zucker, nämlich Arabinose *185*, in stereoselektiver Reaktion optisch reine Chinasäure *188* und Shikimisäure *189* zu synthetisieren, was hier schematisch skizziert sei [91].

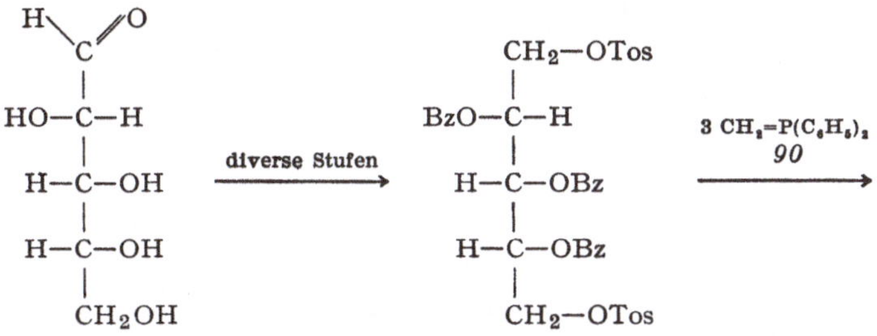

185

186

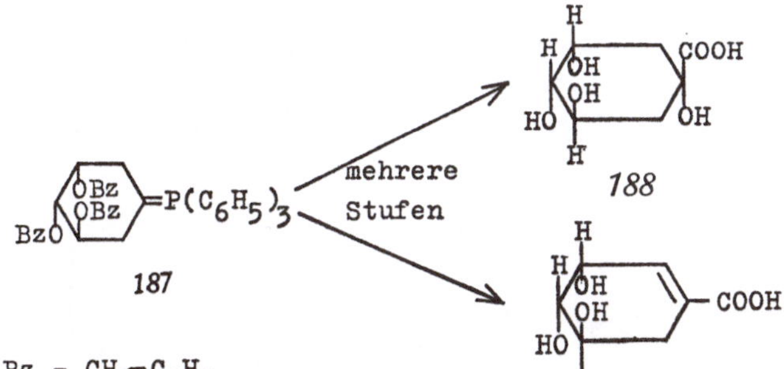

187

188

189

$$Bz = CH_2-C_6H_5$$
$$Tos = p\text{-}CH_3-C_6H_5-SO_2-$$

Aus Arabinose *185* wird in mehreren Stufen der 2.3.4-Tribenzyl-1.5-ditosylarabit *186* hergestellt und dieser mit 3 Mol des Ylides *90* umgesetzt. Das 3. Mol *90* bewirkt durch Umylidierung die sofortige Bildung des cyclischen Ylides *187* aus dem primär gebildeten korrespondierenden

Phosphoniumsalz. In mehreren Stufen erhält man ausgehend von *187* in stereoselektiver Reaktion Chinasäure *188* und Shikimisäure *189*.

Ringschlüsse von Dihalogenverbindungen *166* mit Yliden *34* ergeben in gleicher Reaktionsfolge cyclische Phosphoniumsalze *190*, die sich nicht mehr in neue Ylide überführen lassen [92].

$$Y\begin{matrix}CH_2-X\\CH_2-X\end{matrix} \quad + \ 2\ R-\overset{\overset{\displaystyle H}{|}}{C}=P(C_6H_5)_3 \quad \longrightarrow \quad \left[Y\begin{matrix}CH_2\\CH_2\end{matrix}C\overset{R}{\underset{\overset{\oplus}{P}(C_6H_5)_3}{}}\right]X^{\ominus} + 82$$

$$\qquad\quad 166 \qquad\qquad\qquad 34 \qquad\qquad\qquad\qquad\qquad 190$$

$$Y\begin{matrix}CH_2\\CH_2\end{matrix}\overset{\overset{\displaystyle H}{|}}{C}-C_6H_5 \qquad\qquad Y\begin{matrix}CH_2\\CH_2\end{matrix}C\overset{\overset{\displaystyle H}{\underset{\displaystyle C}{|}}}{\diagdown}R$$

$$\qquad\qquad 191 \qquad\qquad\qquad\qquad\qquad 192$$

Ist $R = C_6H_5$, so führt die alkalische Hydrolyse von *190* zu den Verbindungen *191*. Ist R aliphatisch, so erhält man durch Thermolyse von *190* substituierte Cycloolefine *192*, wobei auch Verbindungen mit exocyclischer Doppelbindung am gesättigten Ring entstehen können.

c) Ringschlüsse durch doppelte intermolekulare C-Alkylierung

Die doppelte intermolekulare C-Alkylierung von Bisyliden *193* mit Bishalogenverbindungen *166* sollte unter Ausbildung der cyclischen Bisphosphoniumsalze *194* eine weitere Ringschlußreaktion ermöglichen.

$$Z\begin{matrix}\overset{\overset{\displaystyle H}{|}}{C}=P(C_6H_5)_3\\\underset{\underset{\displaystyle H}{|}}{C}=P(C_6H_5)_3\end{matrix} \quad + \quad \begin{matrix}X-CH_2\\X-CH_2\end{matrix}Y \quad \longrightarrow \quad \left[Z\begin{matrix}\overset{\displaystyle \overset{\oplus}{P}(C_6H_5)_3}{\underset{\displaystyle CH-CH_2}{|}}\\\underset{\displaystyle \underset{\oplus}{P}(C_6H_5)_3}{\overset{\displaystyle CH-CH_2}{|}}\end{matrix}Y\right] 2\ x^{\ominus}$$

$$\qquad 193 \qquad\qquad 166 \qquad\qquad\qquad\qquad\qquad 194$$

Dieses Aufbauprinzip wurde bisher mit Erfolg für neue Synthesen von Benzocycloalkenen herangezogen [93].

Aus dem Bisphosphinalkylen *195* und o-Xylylendibromid *196* entsteht das Bisphosphoniumsalz *197*, das bei der alkalischen Hydrolyse in 44%iger Ausbeute (bezogen auf *195*) das 9,10,15,16-Tetrahydrotribenzo [a,c,g]-cyclodecen *198* neben Triphenylphosphinoxid ergibt. Analog erhält man die Verbindung *199*.

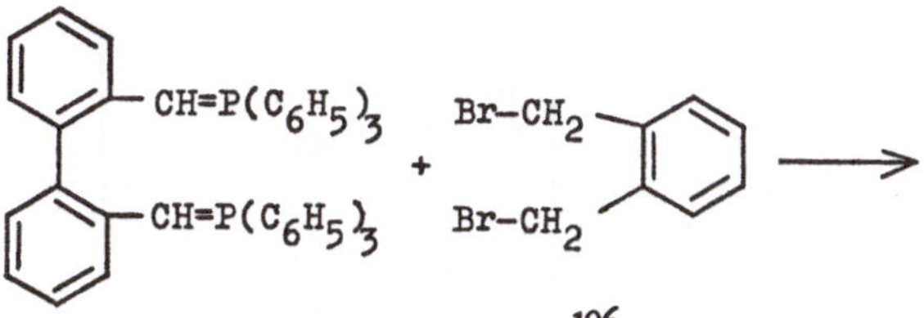

195

196

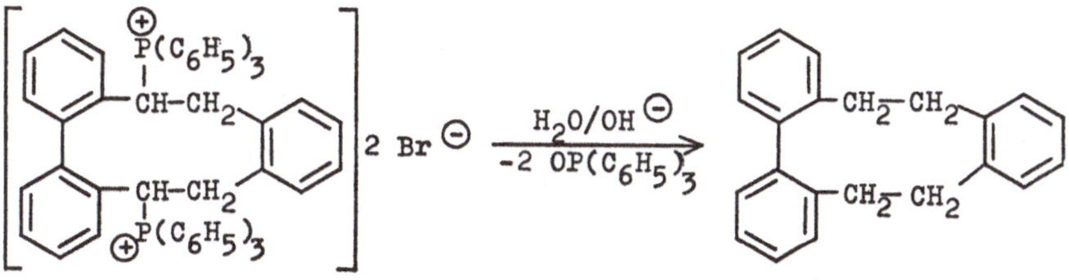

197

198

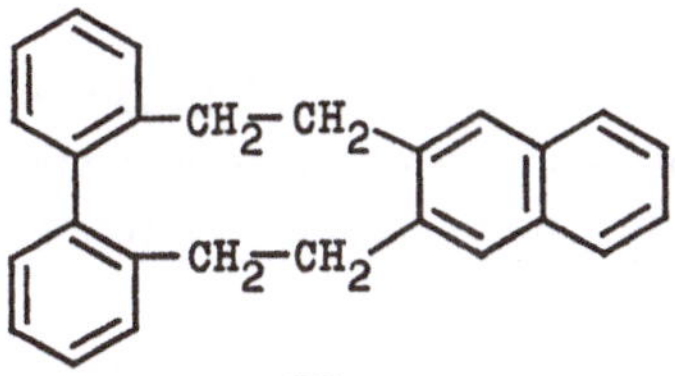

199

Aus *195* und dem Dibromid *200* entsteht in gleicher Reaktionsfolge über das entsprechende Bisphosphoniumsalz der 12-gliedrige Kohlenwasserstoff *201*.

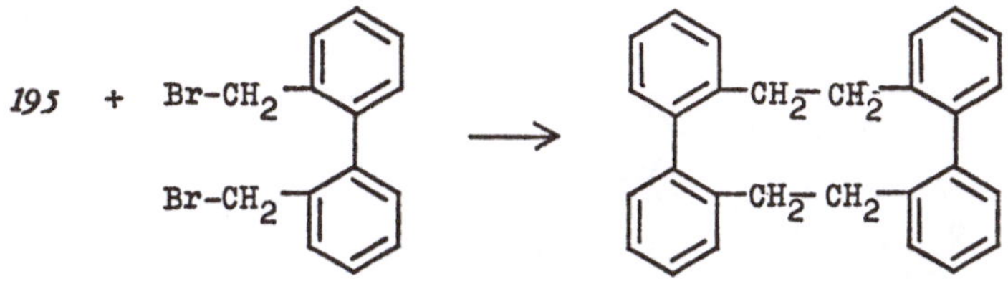

195 + Br–CH$_2$

200

201

49

Das Bisylid *202* reagiert mit *196* zum Bisphosphoniumsalz *203*, dessen alkalische Hydrolyse von einer transannularen Reaktion begleitet ist. Unter Abspaltung von Triphenylphosphinoxid und Triphenylphosphin gewinnt man in 44%iger Ausbeute den Kohlenwasserstoff *204*, der sich mit SeO_2 zum Benzo [k] fluoranthen *205* dehydrieren läßt.

202 *196* *203*

203

205

204

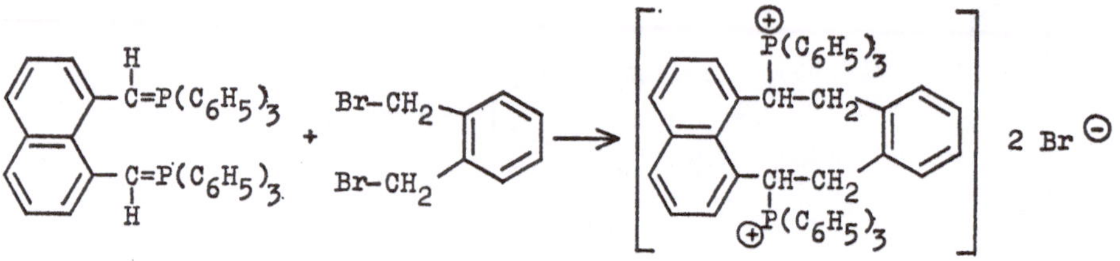

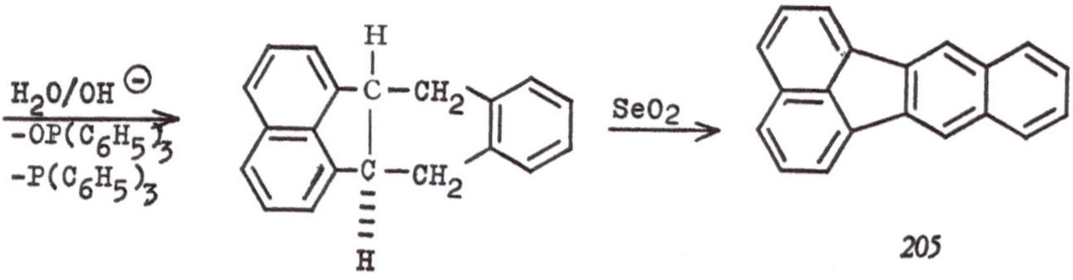

Die analoge Reaktion von *202* mit dem Dibromid *206* führt über das entsprechende Bisphosphoniumsalz zum polycyclischen Kohlenwasserstoff *207*, dessen Dehydrierung mit Dicyandichlorchinon das tiefrote Dinaphtoazulen *208* liefert.

202

206 *207*

208

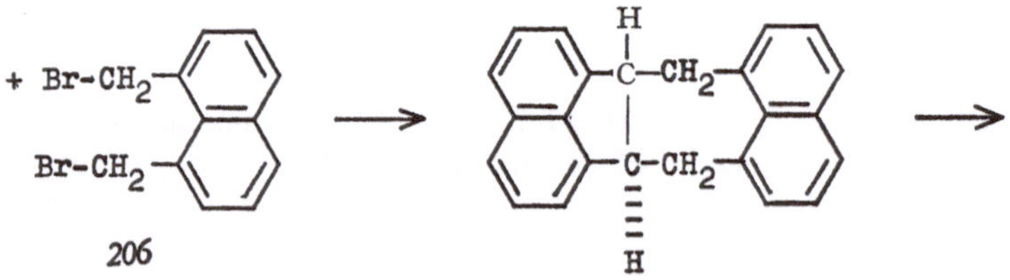

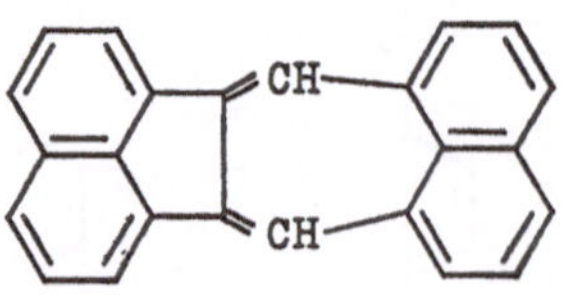

III. Synthese von α-Chlor-acyl-methylen- und α-Chlor-alkoxy-carbonylmethylenphosphoranen

Die Chlorierung von Acylmethylentriphenylphosphoranen *73* oder Alkoxycarbonylmethylen-triphenylphosphoranen *73* mit R = OR[1] wurwurde bisher mit Chlor bei —70°C [1,94)] oder mit Phenyljodidchlorid [1,95)] durchgeführt [96)].

Ein besonders einfaches Verfahren zur Gewinnung der Chloracylylide *212* (R = Alkyl, Aryl und OR[1]) ist die Umsetzung der Phosphoniumsalze vom Typ *77* mit Chloramin T *209* in heißer, wäßriger Lösung, die nach folgendem Mechanismus verläuft [97)]:

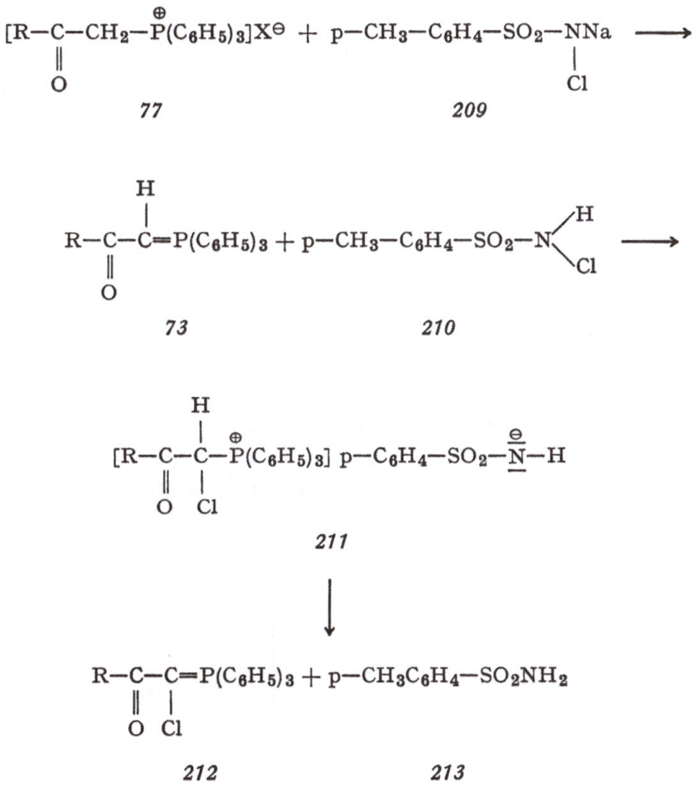

$$[R-\underset{\underset{O}{\|}}{C}-CH_2-\overset{\oplus}{P}(C_6H_5)_3]X^{\ominus} + p-CH_3-C_6H_4-SO_2-\underset{\underset{Cl}{|}}{N}Na \longrightarrow$$

$$\underset{77}{} \qquad\qquad \underset{209}{}$$

$$R-\underset{\underset{O}{\|}}{C}-\overset{\overset{H}{|}}{C}=P(C_6H_5)_3 + p-CH_3-C_6H_4-SO_2-N\overset{\diagup H}{\diagdown Cl} \longrightarrow$$

$$\underset{73}{} \qquad\qquad \underset{210}{}$$

$$[R-\underset{\underset{O}{\|}}{C}-\overset{\overset{H}{|}}{\underset{\underset{Cl}{|}}{C}}-\overset{\oplus}{P}(C_6H_5)_3]\ p-C_6H_4-SO_2-\overset{\ominus}{N}-H$$

$$\underset{211}{}$$

$$\downarrow$$

$$R-\underset{\underset{O}{\|}}{C}-\underset{\underset{Cl}{|}}{C}=P(C_6H_5)_3 + p-CH_3C_6H_4-SO_2NH_2$$

$$\underset{212}{} \qquad\qquad \underset{213}{}$$

Aus *77* und *209* bildet sich das Acylylid *73* und die Verbindung *210*, von der das Ylid nucleophil das Chloratom unter Bildung des Salzes *211* übernimmt, das in das chlorierte Acylylid *212* und p-Toluolsulfonsäureamid *213* zerfällt.

Folgendes allgemeines Aufbauverfahren hat sich sehr bewährt: aus dem Ylid *90* und einem Thiolester *214* stellt man die Verbindung *73* her [1,51], löst diese in der äquivalenten Menge 2n HCl zum Salz *77* und versetzt die auf 70—80 °C erwärmte Lösung mit *209*. Die Verbindungen *212* fallen dann ölig aus und kristallisieren später.

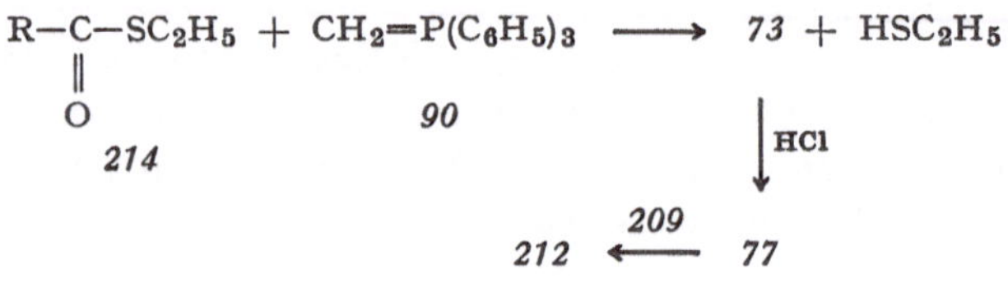

$$R-\underset{\underset{214}{\underset{\|}{O}}}{C}-SC_2H_5 \; + \; CH_2\!\!=\!\!P(C_6H_5)_3 \; \longrightarrow \; 73 \; + \; HSC_2H_5$$

$$90 \qquad\qquad \downarrow HCl$$

$$212 \; \overset{209}{\longleftarrow} \; 77$$

IV. Umsetzung von Acyl-alkylidentriphenylphosphoranen mit Phenyljodidchlorid. Synthese unsymmetrischer α-Chlorketone

Acylmethylen-triphenylphosphorane *73* werden von Phenyljodidchlorid *215* in Gegenwart von Triäthylamin in die α-Chloracylylide *212* überführt [1,95].

$$73 \; + \; \underset{215}{C_6H_5JCl_2} \; \longrightarrow \; 212$$

Setzt man Acyl-alkyliden-triphenylphosphorane *69* R $\neq$ H mit *215* um, so isoliert man die Phosphoniumchloride *216*, die beim Behandeln mit verdünnter Na_2CO_3-Lösung in der Kälte (0—25 °C) in die Chlorketone *217* (50—90% Ausbeute) und Triphenylphosphinoxid übergehen [98].

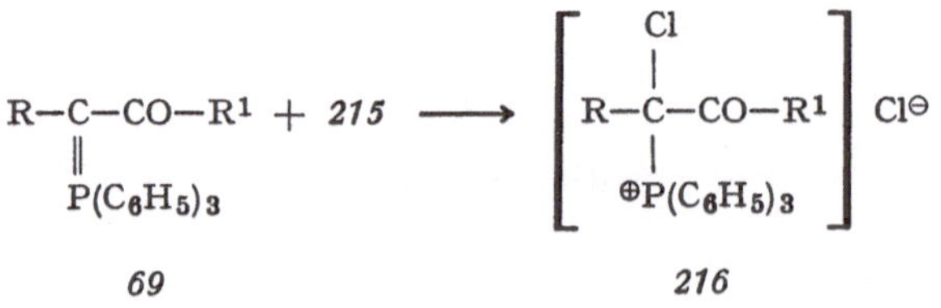

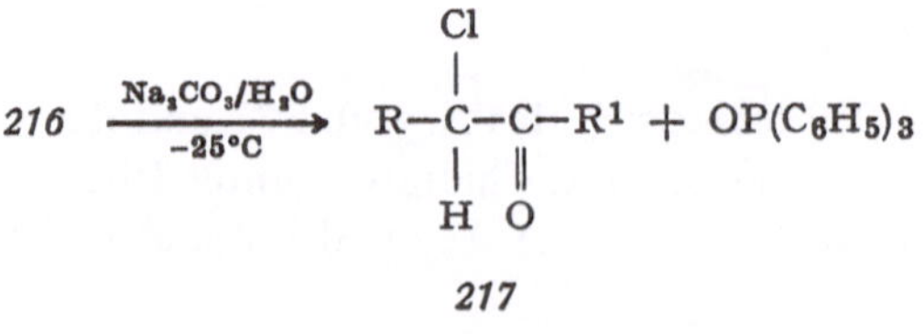

$$R-\underset{\underset{69}{\underset{\|}{P(C_6H_5)_3}}}{C}-CO-R^1 \; + \; 215 \; \longrightarrow \; \left[R-\underset{\underset{216}{\underset{|}{\oplus P(C_6H_5)_3}}}{\overset{\overset{Cl}{|}}{C}}-CO-R^1 \right] Cl^\ominus$$

$$216 \; \xrightarrow[-25°C]{Na_2CO_3/H_2O} \; R-\underset{\underset{217}{\underset{|}{H}}}{\overset{\overset{Cl}{|}}{C}}-\underset{\underset{\|}{O}}{C}-R^1 \; + \; OP(C_6H_5)_3$$

Da man, wie berichtet, die Acylylide leicht aus Yliden *34* und Säure-chloriden oder Thiolestern darstellen kann [1,51], ergibt sich somit ein allgemeines Aufbauverfahren für unsymmetrische α-Chlorketone *217*.

V. Cyanylierung von Phosphinalkylenen mit Bromcyan und Cyansäureestern

1. Cyanylierung stabiler Phosphinalkylene

Acyl- und Alkoxycarbonyl-methylentriphenylphosphorane *73* (R = Aryl, Alkyl oder OR[1]) reagieren mit Bromcyan *218* im Molverhältnis 2:1 unter Umylidierung und Angriff am C-Atom zu den Acyl- bzw. Alkoxycarbonyl-cyan-methylentriphenylphosphoranen *219* und den Phosphoniumsalzen *77* [99,100].

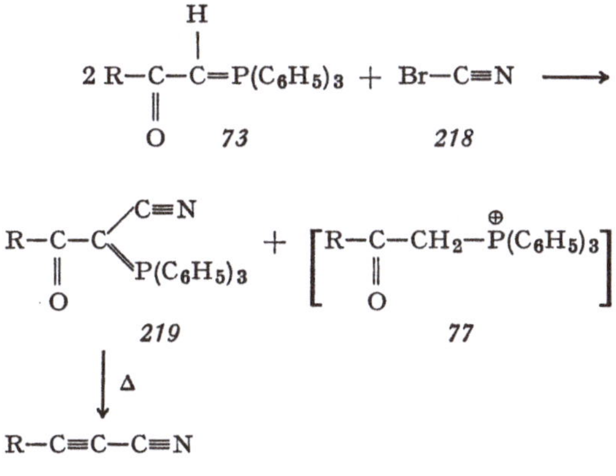

$$2 \underset{\underset{O}{\|}}{R-C}-\overset{\overset{H}{|}}{C}=P(C_6H_5)_3 + Br-C\equiv N \longrightarrow$$

$$73 \qquad\qquad 218$$

$$\underset{\underset{O}{\|}}{R-C}-C\overset{\diagup C\equiv N}{\underset{\diagdown P(C_6H_5)_3}{}} + \left[\underset{\underset{O}{\|}}{R-C}-CH_2-\overset{\oplus}{P}(C_6H_5)_3\right] Br^{\ominus}$$

$$219 \qquad\qquad 77$$

$$\downarrow \Delta$$

$$R-C\equiv C-C\equiv N$$

$$220$$

Daneben findet man auch die bromierten Ylide *221*, die auf folgendem Wege entstanden sind [100]:

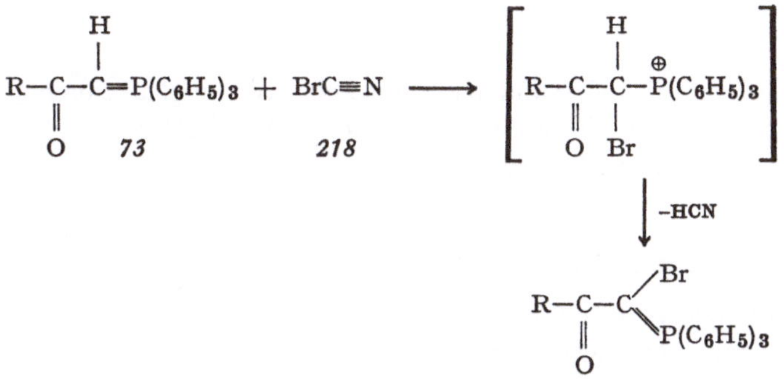

$$\underset{\underset{O}{\|}}{R-C}-\overset{\overset{H}{|}}{C}=P(C_6H_5)_3 + BrC\equiv N \longrightarrow \left[\underset{\underset{O}{\|}}{R-C}-\overset{\overset{H}{|}}{\underset{\underset{Br}{|}}{C}}-\overset{\oplus}{P}(C_6H_5)_3\right] \overset{\ominus}{CN}$$

$$73 \qquad\qquad 218$$

$$\downarrow \text{-HCN}$$

$$\underset{\underset{O}{\|}}{R-C}-C\overset{\diagup Br}{\underset{\diagdown P(C_6H_5)_3}{}}$$

$$221$$

53

Das Verhältnis der Bildung von *219* und *221* ist vom Lösungsmittel abhängig und läßt sich durch Zugabe von Triäthylamin ganz in die Richtung der Bildung von *221* lenken.

Aus dem Cyanylid *125* und *218* entsteht analog die Dicyanverbindung *222*.

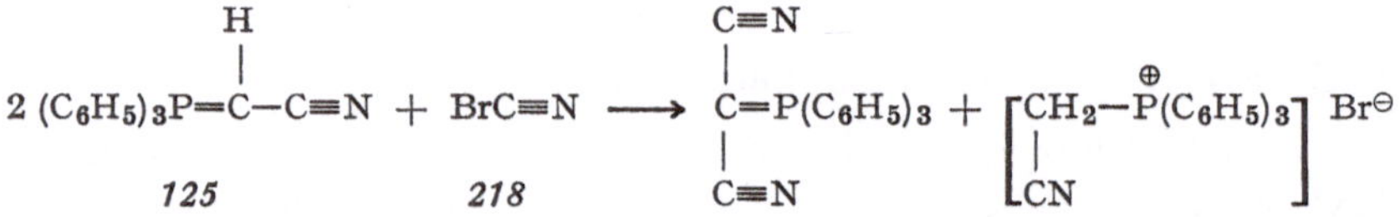

$$2\ (C_6H_5)_3P=\overset{\overset{\textstyle H}{\textstyle |}}{C}-C\equiv N\ +\ BrC\equiv N\ \longrightarrow\ \overset{\overset{\textstyle C\equiv N}{\textstyle |}}{\underset{\underset{\textstyle C\equiv N}{\textstyle |}}{C}}=P(C_6H_5)_3\ +\ \left[\overset{}{CH_2}-\overset{\oplus}{\underset{\underset{\textstyle CN}{\textstyle |}}{P}}(C_6H_5)_3\right]\ Br^{\ominus}$$

$$125 \qquad\qquad 218 \qquad\qquad\qquad\qquad 222$$

Die Verbindungen *219* und *222* erhält man auch bei der Reaktion von Cyansäurearylestern *223* mit den Yliden *73* und *125* z.B. [100]:

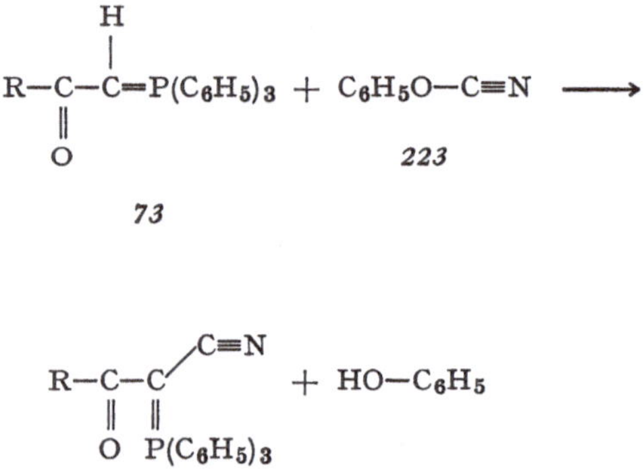

$$R-\overset{\overset{\textstyle H}{\textstyle |}}{\underset{\underset{\textstyle O}{\textstyle ||}}{C}}-C=P(C_6H_5)_3\ +\ C_6H_5O-C\equiv N\ \longrightarrow$$

$$73 \qquad\qquad\qquad\qquad 223$$

$$R-\overset{}{\underset{\underset{\textstyle O\ \ P(C_6H_5)_3}{\textstyle ||\ \ ||}}{C}}-C{\overset{\textstyle\diagup C\equiv N}{\diagdown}}\ +\ HO-C_6H_5$$

$$219$$

Die Verbindungen *219* und *222* gehen keine Wittig-Reaktion mehr ein. Die Thermolyse von *219* mit R = Aryl- oder Alkylrest zu den Cyanacetylenen *220* ist jedoch bekannt [69b].

2. Synthese α-verzweigter, α,β-ungesättigter Nitrile

Martin und Niclas [100] erhielten aus Methylentriphenylphosphoran *90* und Cyansäure-phenylester *223* in Dimethylsulfoxid nur das Dicyanylid *222* .Das Monocyanprodukt *125* wurde nicht gefunden.

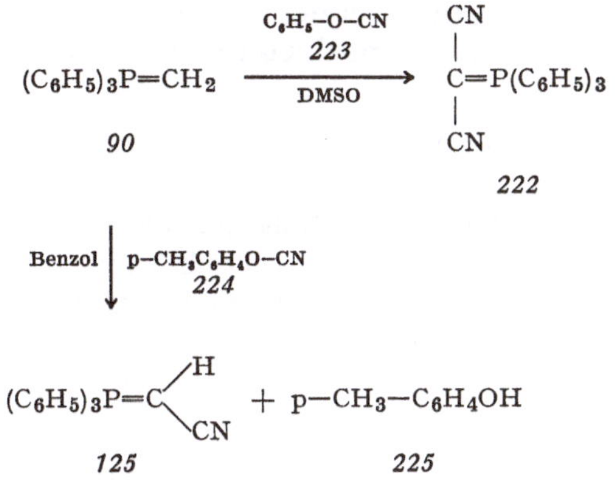

$$(C_6H_5)_3P=CH_2 \xrightarrow[\text{DMSO}]{\overset{C_6H_5-O-CN}{223}} \underset{\underset{CN}{|}}{\overset{\overset{CN}{|}}{C}}=P(C_6H_5)_3$$

$$\underset{90}{} \qquad\qquad\qquad \underset{222}{}$$

Benzol $\Big\downarrow$ $\overset{p-CH_3C_6H_4O-CN}{224}$

$$(C_6H_5)_3P=C\overset{H}{\underset{CN}{\big<}} + p-CH_3-C_6H_4OH$$

$$\underset{125}{} \qquad\qquad \underset{225}{}$$

Wir setzten unabhängig davon [101] *90* mit Cyansäurekresylester *224* in Benzol um und isolierten neben Kresol *225* in 75%iger Ausbeute das Monocyanylid *125*. Unter gleichen Bedingungen konnten wir ganz allgemein aus Yliden *34* mit R = Aryl- oder Alkylrest und *224* Cyanylide *226* erhalten, die sich mit Aldehyden zu α-verzweigten, α,β-ungesättigten Nitrilen *227* umsetzen lassen [101].

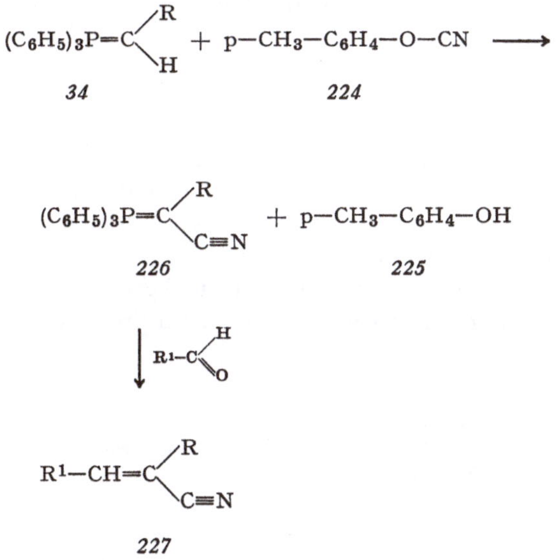

$$(C_6H_5)_3P=C\overset{R}{\underset{H}{\big<}} + p-CH_3-C_6H_4-O-CN \longrightarrow$$

$$\underset{34}{} \qquad\qquad\qquad \underset{224}{}$$

$$(C_6H_5)_3P=C\overset{R}{\underset{C\equiv N}{\big<}} + p-CH_3-C_6H_4-OH$$

$$\underset{226}{} \qquad\qquad\qquad \underset{225}{}$$

$$\Big\downarrow \; R^1-C\overset{H}{\underset{O}{\big<}}$$

$$R^1-CH=C\overset{R}{\underset{C\equiv N}{\big<}}$$

$$\underset{227}{}$$

R = Aryl, Alkyl

VI. Reaktion von Phosphinalkylenen sowie β-Keto- und γ-Acylpropenylphosphoniumsalzen mit Nitrosylchlorid und Alkylnitriten

1. Synthese von Nitrilen

Ylide, z.B. das Benzylidentriphenylphosphoran *56*, reagieren mit Nitrosylchlorid *228* zu α-Hydroxyimino-phosphoniumchloriden, z.B. *229*, die in der Hitze in Phosphinoxid, HCl und Nitrile, im besprochenen Fall in Benzonitril *231*, zerfallen [102].

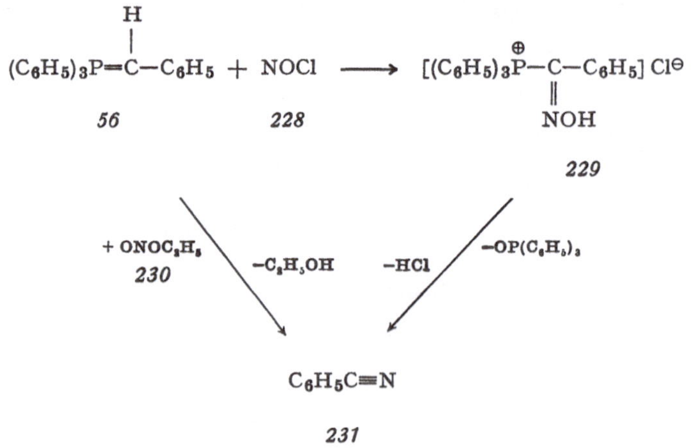

$$
\underset{56}{(C_6H_5)_3P\!=\!\overset{\overset{\displaystyle H}{|}}{C}\!-\!C_6H_5} + \underset{228}{NOCl} \longrightarrow \underset{\underset{229}{\overset{\displaystyle NOH}{\|}}}{[(C_6H_5)_3\overset{\oplus}{P}\!-\!C\!-\!C_6H_5]\,Cl^{\ominus}}
$$

$$
\underset{230}{+\ ONOC_2H_5}\ \diagdown\quad -C_2H_5OH \qquad -HCl\quad \diagup\ -OP(C_6H_5)_3
$$

$$
\underset{231}{C_6H_5C\!\equiv\!N}
$$

E. Zbiral und L. Fenz [103] erhielten aus *56* und Äthylnitrit *230* unter Abspaltung von Äthanol ebenfalls *231*. Nürrenbach und Pommer [104] berichten ohne weitere Angaben [105], daß aus Yliden und Nitrosylchlorid oder Äthylnitrit Nitrile entstehen.

Das Ylid *232*, das am Ylid-C-Atom kein H-Atom mehr trägt, gibt mit Äthylnitrit *230* den Äthyläther *233* des Di-n-propylketoxims [103].

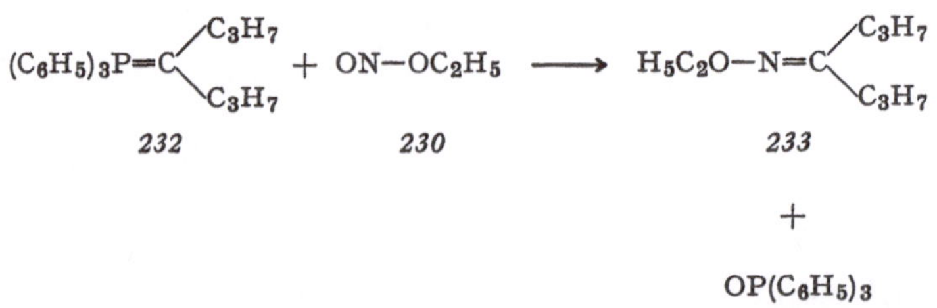

$$
\underset{232}{(C_6H_5)_3P\!=\!C\!\!\overset{\displaystyle C_3H_7}{\underset{\displaystyle C_3H_7}{\diagup\!\!\!\diagdown}}} + \underset{230}{ON\!-\!OC_2H_5} \longrightarrow \underset{233}{H_5C_2O\!-\!N\!=\!C\!\!\overset{\displaystyle C_3H_7}{\underset{\displaystyle C_3H_7}{\diagup\!\!\!\diagdown}}}
$$

$$
+
$$

$$
OP(C_6H_5)_3
$$

2. Synthese von α-Ketonitrilen

Setzt man β-Ketophosphoniumchloride *77* mit Äthylnitrit *230* um, so bildet sich unter Abspaltung von Äthanol ein *229* analoges α-Hydroximino-phosphoniumchlorid *234*, das sofort in ein α-Ketonitril *235*, HCl und Phosphinoxid zerfällt [103].

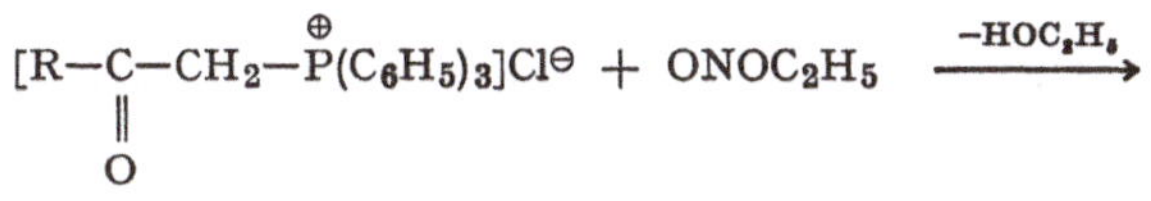

$$[R-\underset{\underset{O}{\|}}{C}-CH_2-\overset{\oplus}{P}(C_6H_5)_3]Cl^{\ominus} + ONOC_2H_5 \xrightarrow{-HOC_2H_5}$$

77   *230*

$$[R-\underset{\underset{O}{\|}}{C}-\underset{\underset{NOH}{\|}}{C}-\overset{\oplus}{P}(C_6H_5)_3]Cl^{\ominus} \xrightarrow[-OP(C_6H_5)]{-HCl} R-\underset{\underset{O}{\|}}{C}-C\equiv N$$

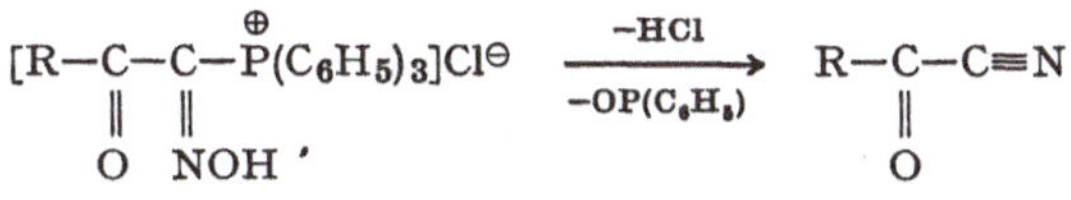

234   *235*

Die Isolierung der Verbindungen *235* gelingt nur für R = aromatisch, heteroaromatisch, α,β-ungesättigt, Cyclopropyl und Cyclobutyl. Für gesättigte Reste R (z. B. Alkyl) regiert *235* mit dem im ersten Reaktionsschritt abgespaltenen Alkohol sofort zum entsprechenden Carbonsäureäthylester und HCN weiter.

3. Umsetzung von γ-Acylpropenylphosphoniumsalzen mit Nitrosylchlorid und Äthylnitrit

In unserem Arbeitskreis wurde früher festgestellt, daß das Allylidentriphenylphosphoran *236* von Chlorameisensäureester in γ-Stellung carboalkoxyliert wird [1,78]. Analog erhielten Zbiral et al. [106] aus 2 Mol *236* und 1 Mol Säurechlorid *105* die Ylide *237* und die Phosphoniumchloride *238*:

$$2 (C_6H_5)_3P=CH-CH=CH_2 + R^1-COCl \longrightarrow$$

236   *105*

$$(C_6H_5)_3P=CH-CH=CH-\underset{\underset{\underset{237}{}}{O}}{\overset{\|}{C}}-R^1 \;+\; [(C_6H_5)_3\overset{\oplus}{P}-CH_2-CH=CH_2]Cl^{\ominus}$$

237   238

$$\Big\downarrow \text{HX}$$

$$\left[(C_6H_5)_3\overset{\oplus}{P}-CH_2-CH=CH-\underset{\underset{O}{}}{\overset{\|}{C}}-R^1\right] X^{\ominus} \;+\; \left[(C_6H_5)_3\overset{\oplus}{P}-CH=CH-CH_2-\underset{\underset{O}{}}{\overset{\|}{C}}-R^1\right] X^{\ominus}$$

239   240

$$\underset{\underset{228}{NOCl}}{}\Big\downarrow \underset{230}{\overset{bzw.}{O=N-O-C_2H_5}} \qquad\qquad\qquad \Big\downarrow \underset{230}{O=N-OC_2H_5}$$

$$N\equiv C-CH=CH-\underset{\underset{241}{O}}{\overset{\|}{C}}-R^1 \qquad\qquad \left[(C_6H_5)_3\overset{\oplus}{P}-CH=CH-\underset{\underset{242}{NOH}}{\overset{\|}{C}}-\underset{O}{\overset{\|}{C}}-R^1\right] X^{\ominus}$$

$$\Big\downarrow \text{Base}$$

$$(C_6H_5)_3P=\underset{\underset{}{}}{\overset{\overset{H}{|}}{C}}-\underset{\underset{}{}}{\overset{\overset{H}{|}}{C}}=C\Big\langle\begin{array}{l} \overset{C-R^1}{\underset{O}{\|}} \\ NO \end{array}$$

243

Die Ylide *237* können bei der Protonisierung mit HX in zwei verschiedene Phosphoniumsalze *239* (α-Protonisierung) und *240* (γ-Protonisierung vgl. l. c. 78) übergehen, die auch im Gleichgewicht miteinander vorliegen [105]. Aus *239* erhält man mit Nitrosylchlorid *228* bzw. Alkylnitrit *230* die Nitrile *241*. Dabei kann es zu Halogensubstitution an der Doppelbindung kommen. Aus *240* entstehen mit Äthylnitrit *230* γ-Hydroximino-phosphoniumsalze *242*, die mit Basen die kristallinen blau-violettgefärbten γ-Acyl-γ-nitroso-ylide *243* ergeben, die keine Wittig-Reaktion eingehen und deren Eigenschaften noch studiert werden [106].

VII. Reaktionen von Phosphinalkylenen mit Elementhalogeniden der 4., 5. und 6. Hauptgruppe des periodischen Systems

1. Reaktionen mit Verbindungen, die eine S—X bzw. Se—X-Bindung enthalten

a) Reaktion mit Sulfenylchloriden und Selenylbromid.
Synthese von Thiovinyläthern und Ketonen

Sulfenylchloride *244* reagieren mit Yliden *34* unter Umylidierung zu den Phosphinalkylenen *245* [107,108], die sich mit Aldehyden zu den Thiovinyläthern *246* umsetzen lassen. Letztere können in Ketone *247* überführt werden [107].

$$2 \begin{matrix} H \\ | \\ R-C=P(C_6H_5)_3 \end{matrix} + R^1-S-Cl \longrightarrow \begin{matrix} SR^1 \\ | \\ R-C=P(C_6H_5)_3 \end{matrix} + [R-CH_2-\overset{\oplus}{P}(C_6H_5)_3]Cl^{\ominus}$$

$$\quad\quad\quad 34 \quad\quad\quad\quad 244 \quad\quad\quad\quad\quad\quad 245 \quad\quad\quad\quad\quad\quad 82$$

$$\bigg\downarrow \; R^1-C\!\!\begin{matrix} H \\ \diagdown \\ O \end{matrix}$$

$$\begin{matrix} R-C-CH_2R^1 \\ \| \\ O \end{matrix} \quad \longleftarrow \quad \begin{matrix} SR^1 \\ | \\ R-C=CH-R^2 \end{matrix}$$

$$\quad\quad 247 \quad\quad\quad\quad\quad\quad 246$$

Acylylide *73* (*34* R= C—R) werden von *244* am C-Atom unter Bil-
$$\quad\quad\quad\quad\quad\quad\quad\quad\quad \|$$
$$\quad\quad\quad\quad\quad\quad\quad\quad\quad O$$
dung der Verbindungen *246* mit R= C—R angegriffen [108].
$$\quad\quad\quad\quad\quad\quad\quad\quad\quad\quad\quad\quad\quad\quad\quad \|$$
$$\quad\quad\quad\quad\quad\quad\quad\quad\quad\quad\quad\quad\quad\quad\quad O$$

Es wird berichtet, daß aus 3 Mol Methylentriphenylphosphoran *90* und 2 Mol Phenylsulfenylchlorid *244* ($R^1 = C_6H_5$) das Ylid *250* entsteht. Zunächst wird *248* gebildet, das unter Umylidierung erneut mit *244* reagiert, wobei das intermediär auftretende Phosphoniumsalz *249* die Umylidierungsreaktion mit dem 3. Mol *90* eingeht.

$$2\ (C_6H_5)_3P=CH_2 + R^1-SCl \longrightarrow (C_6H_5)_3P=\overset{\overset{\displaystyle H}{|}}{C}-SR^1 + [(C_6H_5)_3\overset{\oplus}{P}-CH_3]\ Cl^{\ominus}$$

$$\quad\quad 90 \quad\quad\quad\quad\quad 244 \quad\quad\quad\quad\quad\quad\quad 248 \quad\quad\quad\quad\quad 93$$

$$\downarrow 244$$

$$93 + (C_6H_5)_3P=C\begin{smallmatrix}\diagup SR^1 \\ \diagdown SR^1\end{smallmatrix} \quad\xleftarrow{\ 90\ }\quad \left[(C_6H_5)_3\overset{\oplus}{P}-\overset{\overset{\displaystyle H}{|}}{\underset{\underset{\displaystyle SR^1}{|}}{C}}-SR^1\right] Cl^{\ominus}$$

$$\quad\quad 250 \quad\quad\quad\quad\quad\quad\quad\quad\quad\quad\quad\quad 249$$

$$\downarrow R^1C\begin{smallmatrix}\diagup H \\ \diagdown O\end{smallmatrix}$$

$$R^1-CH=C\begin{smallmatrix}\diagup SR^1 \\ \diagdown SR^1\end{smallmatrix}$$

$$251$$

Es zeigte sich, daß für $R^1 = C_6H_5$ das Ylid *250* nicht mit Carbonylverbindungen umgesetzt werden kann [107]. Man darf jedoch annehmen, daß die Reaktion auch für R = aliphatisch glatt verläuft. Die entsprechenden Ylide *250* wurden aus Bisalkylmercaptocarbenen mit Triphenylphosphin hergestellt und lassen sich mit Aldehyden zu Ketenmercaptalen *251* umsetzen [26].

Phenylselenylbromid *253* reagiert mit Äthoxycarbonyl-methylentriphenylphosphoran *252* zum Ylid *254*, das sich nur noch mit sehr reaktiven Aldehyden umsetzt [109].

$$2\ \overset{\overset{\displaystyle H}{|}}{\underset{\underset{\displaystyle P(C_6H_5)_3}{\|}}{C}}-CO_2C_2H_5 + C_6H_5SeBr \longrightarrow \overset{\overset{\displaystyle C_6H_5}{|}}{\underset{}{\overset{\overset{\displaystyle Se}{|}}{\underset{\underset{\displaystyle P(C_6H_5)_3}{\|}}{C}}}}-CO_2C_2H_5 + \left[\overset{}{\underset{\underset{\displaystyle CO_2C_2H_5}{|}}{CH_2-\overset{\oplus}{P}(C_6H_5)_3}}\right] Br^{\ominus}$$

$$\quad\quad 252 \quad\quad\quad\quad 253 \quad\quad\quad\quad\quad\quad\quad\quad 254 \quad\quad\quad\quad\quad 255$$

b) Reaktion mit Sulfonylchloriden

Das Ylid *252* reagiert mit Sulfonylchloriden *256* unter Umylidierung zu den Phosphinalkylenen *257* [109,110] und dem Salz *255*. Die Verbindungen *257* lassen sich mit Aldehyden z.B. *258* zu arylsulfonierten Olefinen *259* umsetzen.

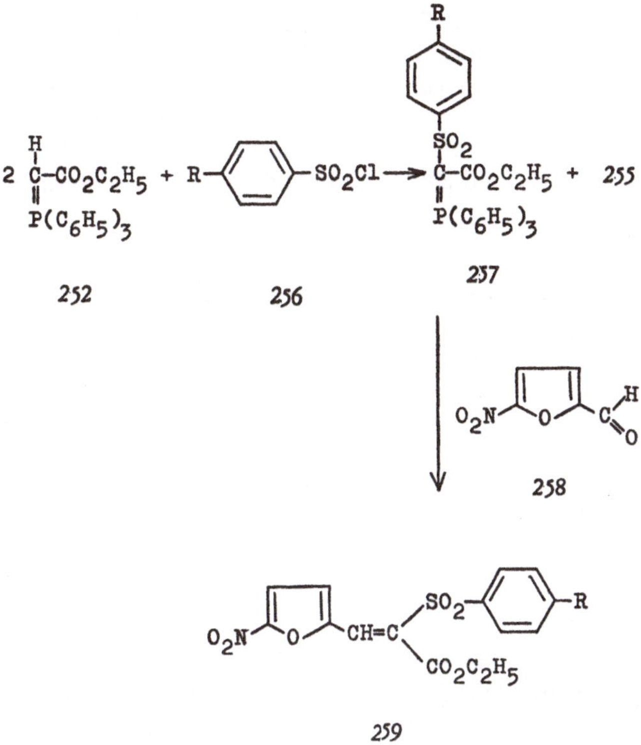

2. Reaktionen mit Verbindungen, die Si—X-Bindungen enthalten

a) Synthese offenkettiger silylierter Ylide

2 Mol Triphenylphosphinmethylen *90* reagieren mit 1 Mol Trimethylsilylhalogenid *260* zum Mono-trimethylsilyl-methylentriphenylphosphoran *261* [111,112].

$$2\,(C_6H_5)_3P{=}CH_2 + X{-}Si(CH_3)_3 \longrightarrow (C_6H_5)_3P{=}C\begin{matrix} Si(CH_3)_3 \\ H \end{matrix} + [CH_3{-}P(C_6H_5)_3]\,X^{\ominus}$$

90 *260* *261* *93*

$261 \xrightarrow{CH_3J}$

$$\left[(C_6H_5)_3\overset{\oplus}{P}{-}\underset{\substack{| \\ CH_3}}{\overset{\substack{H \\ |}}{C}}{-}Si(CH_3)_3\right] J^{\ominus}$$

263

$261 \xrightarrow{C_6H_5CHO}$

$$(CH_3)_3Si{-}CH{=}CH{-}C_6H_5$$

262

Aus *261* entsteht mit Benzaldehyd β-Trimethylsilyl-styrol *262* (cis-
und trans-Form) [112] und mit Methyljodid das Phosphoniumsalz *263*.

Eine Weiterreaktion von *261* mit *260* wurde nicht beobachtet.

Man findet diese Umsetzung jedoch bei der Reaktion von Trimethylphosphinmethylen *264* mit Trimethylsilylchlorid *260* [112,113]. Zunächst
erhält man aus *264* und *260* das Silylylid *266* und das Phosphoniumsalz
265.

$$2\ (CH_3)_3P{=}CH_2 \ + \ Cl{-}Si(CH_3)_3 \ \longrightarrow \ (CH_3)_3P{=}C\!\!\begin{array}{l}{\nearrow Si(CH_3)_3}\\[2pt]{\searrow H}\end{array} \ + \ [(CH_3)_4\overset{\oplus}{P}]\ Cl^{\ominus}$$

| *264* | *260* | *266* | *265* |

$$\downarrow 260$$

$$2\ 266 \ \xleftarrow{\ 264\ } \ (CH_3)_3P{=}C\!\!\begin{array}{l}{\nearrow Si(CH_3)_3}\\[2pt]{\searrow Si(CH_3)_3}\end{array} \ + \ [(CH_3)_4\overset{\oplus}{P}{-}CH_2{-}Si(CH_3)_3]\ Cl^{\ominus}$$

| *267* | *268* |

266 kann dann mit einem 2. Molekül *260* zur Reaktion gebracht
werden, wobei das Salz *268* und das Bis-(trimethyl)-silylylid *267* entstehen. Setzt man reines *267* mit dem Ylid *264* um, so tritt eine Silyl-
übertragung unter Bildung von 2 Mol *266* ein [114,115].

b) Synthese cyclischer Silyl-alkyliden-phosphorane

Setzt man Trimethylphosphinmethylen *264* mit Dimethyldichlorsilan
269 im Molverhältnis 6:2 um, so erhält man nach folgender Summen-
gleichung Tetramethylphosphoniumchlorid *265* und das cyclische Bisylid   1.1.3.3.-Tetramethyl-2.4-bis-trimethylphosphoranyliden-1.3-disila-
cyclobutan *270* [116].

$$6\ (CH_3)_3P{=}CH_2 \ + \ 2\ (CH_3)_2SiCl_2 \ \longrightarrow$$

| *264* | *269* |

$$4\ [(CH_3)_4\overset{\oplus}{P}]Cl^{\ominus} \ + \ (CH_3)_3P{=}C\!\!\begin{array}{c}{CH_3\ \ \ CH_3}\\{\diagdown Si \diagup}\\{}\\{\diagup Si \diagdown}\\{CH_3\ \ \ CH_3}\end{array}\!\!C{=}P(CH_3)_3$$

| *26* | *270* |

Der Bildungsmechanismus von *270* wird wie folgt plausibel erklärt:

$$264 + 269 \longrightarrow \left[(CH_3)_3\overset{\oplus}{P}-CH_2-\underset{\underset{CH_3}{|}}{\overset{\overset{CH_3}{|}}{Si}}-Cl \right] Cl^{\ominus} \xrightarrow{264}$$

$$271$$

$$\left[(CH_3)_3\overset{\oplus}{P}-CH_2-\underset{\underset{CH_3}{|}}{\overset{\overset{CH_3}{|}}{Si}}-CH_2-\overset{\oplus}{P}(CH_3)_3 \right] 2\,Cl^{\ominus} \xrightarrow{2\ 264}$$

$$272$$

$$2\ 265 + (CH_3)_3P{=}\underset{\underset{H}{|}}{C}-\underset{\underset{CH_3}{|}}{\overset{\overset{CH_3}{|}}{Si}}-\underset{\underset{H}{|}}{C}{=}P(CH_3)_3 \xrightarrow{269}$$

$$273$$

$$\left[(CH_3)_3\overset{\oplus}{P}-\underset{CH_3}{\overset{H}{\diagdown}}C\underset{\diagup Si \diagdown}{\overset{\diagdown Si \diagup}{}}\underset{CH_3}{\overset{CH_3}{}}C\underset{\diagdown P(CH_3)_3}{\overset{\diagup H}{}} \right] 2\,Cl^{\ominus} \xrightarrow{2\ 264} 2\ 265 + 270$$

$$274$$

Aus dem Ylid *264* und der Dihalogenverbindung *269* bildet sich das Monophosphoniumsalz *271*, das mit einem zweiten Mol *264* das Bis-phosphoniumsalz *272* ergibt, das nun seinerseits durch doppelseitige Umylidierung mit 2 Mol *264* 2 Mol Phosphoniumsalz *265* und das Bisylid *273* ergibt. *273* reagiert mit dem Bissilylchlorid *269* zum cyclischen Bisphosphoniumsalz *274*, das durch erneute Umylidierung mit 2 Mol *264* 2 Mol *265* und das cyclische Bisylid *270* ergibt.

3. Reaktionen mit Verbindungen die Ge—Cl und SnCl-Bindungen enthalten

Setzt man Triphenylphosphinmethylen *90* mit Trimethyl-chlorgerman *275* oder Trimethylchlorstannan *279* um, so erhält man — nicht wie in der Si-Reihe die Monosubstitutionsprodukte — sondern die Disubstitu-tionsprodukte [112], z.B.

$$2 \; (C_6H_5)_3P{=}CH_2 \; + \; (CH_3)_3GeCl \; \longrightarrow \; (C_6H_5)_3P{=}C\overset{\displaystyle Ge(CH_3)_3}{\underset{\displaystyle H}{\big\langle}} \; + \; 93$$

$$\begin{array}{ccc} 90 & 275 & 276 \end{array}$$

$$\downarrow 275$$

$$93 \; + \; (C_6H_5)_3P{=}C\overset{\displaystyle Ge(CH_3)_3}{\underset{\displaystyle Ge(CH_3)_3}{\big\langle}} \; \overset{90}{\longleftarrow} \; \left[(C_6H_5)_3\overset{\oplus}{P}{-}CH\overset{\displaystyle Ge(CH_3)_3}{\underset{\displaystyle Ge(CH_3)_3}{\big\langle}} \right] Cl^{\ominus}$$

$$\begin{array}{ccc} 278 & & 277 \end{array}$$

Aus 2 Mol *90* und 1 Mol *275* bildet sich neben dem Salz *93* das Monosubstitutionsprodukt *276*, das sofort mit einem 2. Mol *275* das Phosphoniumsalz *277* ergibt. *277* unterliegt mit *90* der Umylidierung zu *93* und dem Bis-trimethylgermyl-ylid *278*.

Analog entsteht im Molverhältnis 3:2 aus *90* und *279* das Bis-trimethyl-stanyl-ylid *280*.

$$3 \; 90 \; + \; 2 \; (CH_3)_3SnCl \; \longrightarrow \; (C_6H_5)_3P{=}C\overset{\displaystyle Sn(CH_3)_3}{\underset{\displaystyle Sn(CH_3)_3}{\big\langle}} \; + \; 2 \; 93$$

$$\begin{array}{cc} 279 & 280 \end{array}$$

Auch das silylierte Ylid *261* reagiert mit *275* bzw. *279* unter Umylidierung zu den gemischt disubstituierten Yliden *281* und *282*.

$$2 \; (C_6H_5)_3P{=}C\overset{\displaystyle Si(CH_3)_3}{\underset{\displaystyle H}{\big\langle}} \; + \; (CH_3)_3Ge{-}Cl \; \longrightarrow$$

$$\begin{array}{cc} 261 & 275 \end{array}$$

bzw.

$$(CH_3)_3Sn{-}Cl$$

$$279$$

$$(C_6H_5)_3P{=}C\overset{\displaystyle Si(CH_3)_3}{\underset{\displaystyle Ge(CH_3)_3}{\big\langle}} \quad \text{bzw.} \quad (C_6H_5)_3P{=}C\overset{\displaystyle Si(CH_3)_3}{\underset{\displaystyle Sn(CH_3)_3}{\big\langle}} \; +$$

$$\begin{array}{cc} 281 & 282 \end{array}$$

$$+ \; [(C_6H_5)_3\overset{\oplus}{P}{-}CH_2{-}Si(CH_3)_2] \; Cl^{\ominus}$$

Monosubstitutionsprodukte *283* und *284* dieser Reihe erhält man auf folgende Weise [114]:

$$\underset{266}{(CH_3)_3P\!=\!\overset{\overset{\displaystyle H}{|}}{C}\!-\!Si(CH_3)_3} + (CH_3)_3\,Si\!-\!O\!-\!Ge(CH_3)_3 \longrightarrow$$

$$\underset{283}{(CH_3)_3P\!=\!\overset{\overset{\displaystyle H}{|}}{C}\!-\!Ge(CH_3)_3} + (CH_3)_3Si\!-\!O\!-\!Si(CH_3)_3$$

$$266 + (CH_3)_3Si\!-\!O\!-\!Sn(CH_3)_3 \longrightarrow \underset{284}{(CH_3)_3P\!=\!\overset{\overset{\displaystyle H}{|}}{C}\!-\!Sn(CH_3)_3} +$$

$$+ (CH_3)_3\,Si\!-\!O\!-\!Si(CH_3)_3$$

Beim Erhitzen disproportionieren die Verbindungen *283* und *284* spontan zu unsubstituiertem *264* und dem disubstituierten *278* bzw. *280* [114] z. B.

$$\underset{284}{2\,(CH_3)_3P\!=\!C\!\!\begin{smallmatrix}\diagup Sn(CH_3)_3 \\ \diagdown H\end{smallmatrix}} \overset{\Delta}{\longrightarrow} \underset{264}{(CH_3)_3P\!=\!CH_2} + \underset{280}{(CH_3)_3P\!=\!C\!\!\begin{smallmatrix}\diagup Sn(CH_3)_3 \\ \diagdown Sn(CH_3)_3\end{smallmatrix}}$$

4. Reaktionen mit Verbindungen die P—Cl-Bindungen enthalten

Phosphinalkylene *34* reagieren mit Dialkyl- oder -diarylchlorphosphinen *285* je nach Reaktionsführung zu Phosphoniumsalzen *286* oder unter Umylidierung zu den phosphorsubstituierten Yliden *287*. Gibt man zur Lösung von *285* langsam *34*, so bleibt die Reaktion auf der Stufe der Bildung von *286* stehen. Verfährt man jedoch umgekehrt, d. h. gibt man zur Lösung von *34* die Verbindung *285*, so tritt zwischen dem gebildeten *286* und *34* sofort Umylidierung unter Bildung der Salze *82* und der Ylide *287* ein [117].

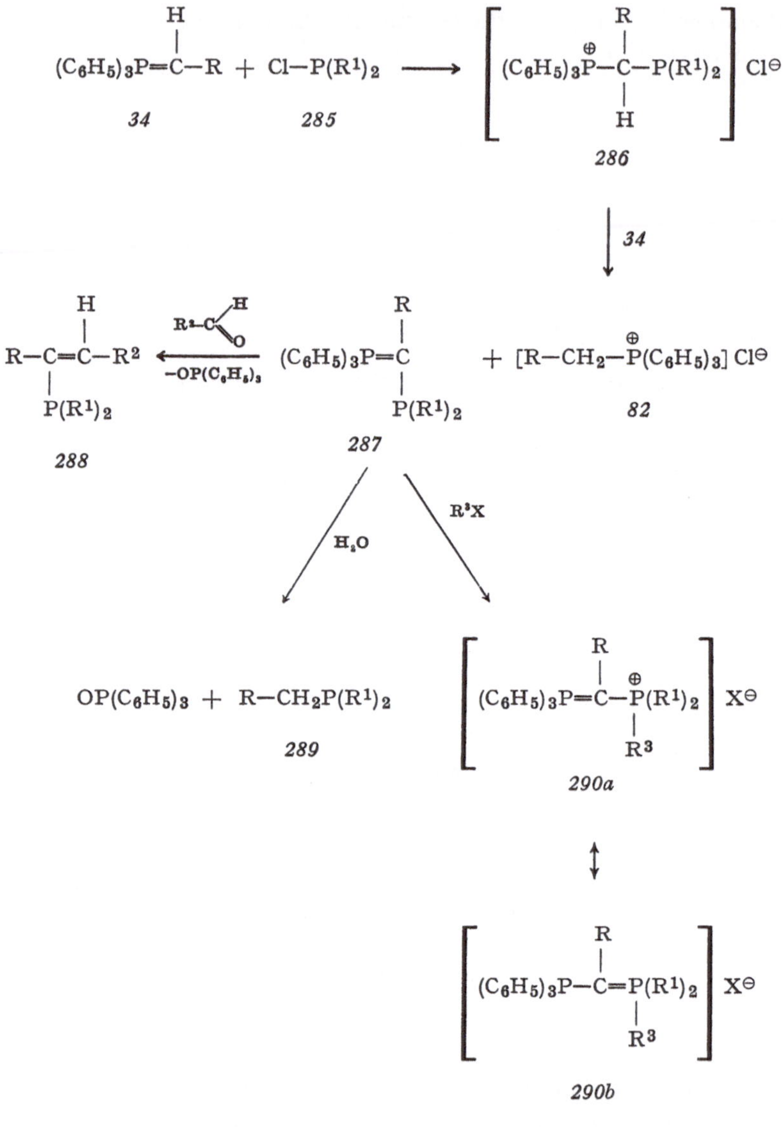

$$\underset{34}{(C_6H_5)_3P{=}\overset{\overset{\displaystyle H}{|}}{C}{-}R} \;+\; \underset{285}{Cl{-}P(R^1)_2} \;\longrightarrow\; \left[\underset{}{(C_6H_5)_3\overset{\oplus}{P}{-}\underset{\underset{\displaystyle H}{|}}{\overset{\overset{\displaystyle R}{|}}{C}}{-}P(R^1)_2}\right] Cl^{\ominus}$$

$$286$$

$$\Big\downarrow 34$$

$$\underset{288}{R{-}\underset{\underset{\displaystyle P(R^1)_2}{|}}{\overset{\overset{\displaystyle H}{|}}{C}}{=}C{-}R^2} \quad\underset{-OP(C_6H_5)_3}{\overset{R^2-C\overset{H}{\underset{O}{\diagdown}}}{\longleftarrow}}\quad \underset{287}{(C_6H_5)_3P{=}\underset{\underset{\displaystyle P(R^1)_2}{|}}{\overset{\overset{\displaystyle R}{|}}{C}}} \;+\; \underset{82}{[R{-}CH_2{-}\overset{\oplus}{P}(C_6H_5)_3]\, Cl^{\ominus}}$$

[Reaction branches from 287 via H_2O and R^3X]

$$\underset{289}{OP(C_6H_5)_3 \;+\; R{-}CH_2P(R^1)_2}$$

$$\left[(C_6H_5)_3P{=}\underset{\underset{\displaystyle R^3}{|}}{\overset{\overset{\displaystyle R}{|}}{C}}{-}\overset{\oplus}{P}(R^1)_2\right] X^{\ominus}$$

$$290a$$

$$\updownarrow$$

$$\left[(C_6H_5)_3\overset{\oplus}{P}{-}\underset{\underset{\displaystyle R^3}{|}}{\overset{\overset{\displaystyle R}{|}}{C}}{=}P(R^1)_2\right] X^{\ominus}$$

$$290b$$

Die oft von Nebenreaktion begleitete Wittig-Reaktion der Ylide *287* macht die Phosphine *288* mit einem olefinischen Liganden zugänglich, durch Hydrolyse werden unter Abspaltung von Triphenylphosphinoxid Phosphine *289* erhalten und bei der Umsetzung mit Alkylhalogeniden entstehen die interessanten, durch zwei mesomere Formen beschreibbaren Phosphoniumsalze *290* mit Ylidcharakter [118].

Triphenylphosphinmethylen *90* geht bei der Reaktion mit *285* in das Ylid *291* über, das erneut mit *285* reagiert und in das disubstituierte Ylid *292* überführt wird [117].

$$2 \ (C_6H_5)_3P=CH_2 \ + \ 285 \ \longrightarrow \ \underset{\substack{| \\ P(R^1)_2}}{\overset{\substack{H \\ |}}{(C_6H_5)_3P=C}} \ + \ [CH_3-\overset{\oplus}{P}(C_6H_5)_3] \ Cl^\ominus$$

$$\underset{90}{} \hspace{4cm} \underset{291}{}$$

$$2 \ 291 \ + \ 285 \ \longrightarrow \ (C_6H_5)_3P=C{\overset{\displaystyle \diagup P(R^1)_2}{\diagdown P(R^1)_2}} \ + \ [(R^1)_2P-CH_2-\overset{\oplus}{P}(C_6H_5)_3] \ Cl^\ominus$$

$$\underset{292}{}$$

In analoger Weise reagieren Alkyliden-tricyclohexylphosphorane [110] und Alkyliden-trialkylphosphorane, z.B. *264* [114]. Auch Ylide, die sowohl durch Si als auch durch P substituiert sind, z.B. *293*, wurden dargestellt [114].

$$2 \ (CH_3)_3P=C{\overset{\displaystyle \diagup Si(CH_3)_3}{\diagdown H}} \ + \ 285 \ \longrightarrow \ (C_6H_5)_3P=C{\overset{\displaystyle \diagup Si(CH_3)_3}{\diagdown P(R^1)_2}} \ + \ 268$$

$$\underset{266}{} \hspace{5cm} \underset{293}{}$$

Acylalkyliden-triphenylphosphoran (*34* mit R= C—R^1) werden von *285* am O-Atom angegriffen [117].

$$\overset{\parallel}{\underset{O}{}}$$

Das Allyliden-ylid *236* reagiert mit *285* in γ-Stellung zur Verbindung *294* [119].

$$2 \ (C_6H_5)_3P=\overset{\substack{H \\ |}}{C}-\overset{\substack{H \\ |}}{C}=CH_2 \ + \ 285 \ \longrightarrow \ (C_6H_5)_3P=\overset{\substack{H \\ |}}{C}-\overset{\substack{H \\ |}}{C}=\overset{\substack{H \\ |}}{C}-P(R^1)_2 \ + \ 238$$

$$\underset{236}{} \hspace{5cm} \underset{294}{}$$

Aus Yliden *34* und Diphenylphosphinsäurechlorid *295a* und Thiophosphinsäurechlorid *295b* entstehen die substituierten Phosphinalkylene *296* [120].

$$2 \ 34 \ + \ \underset{\substack{\parallel \\ X}}{(C_6H_5)_2P-Cl} \ \longrightarrow \ \underset{\substack{| \\ X=P(C_6H_5)_2}}{\overset{\substack{R \\ |}}{(C_6H_5)_3P=C}} \ + \ 82$$

$$\underset{295ab}{} \hspace{4cm} \underset{296}{}$$

a) X = O
b) X = S

Analog reagiert die Verbindung *297* mit *90* zum Ylid *298*, dessen Umsetzung mit Aldehyden die Vinylphosphonate *299* zugänglich macht. Anstelle der Phenylgruppen in *90* können auch n-Butylgruppen treten [121].

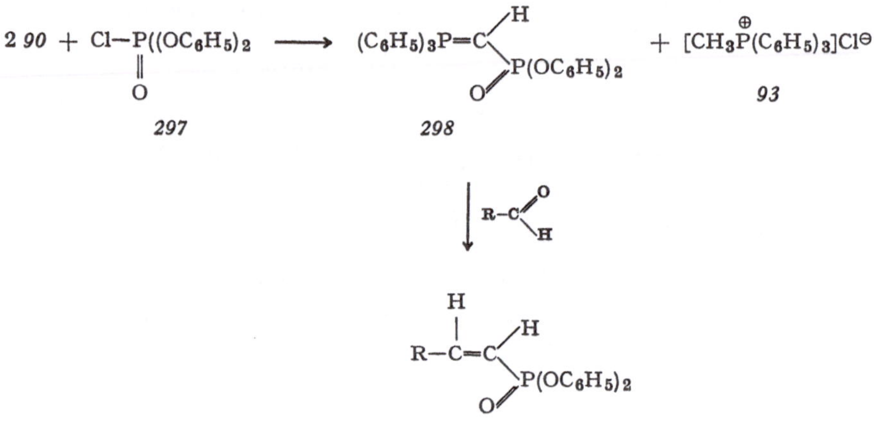

$$2\ 90\ +\ \underset{\underset{O}{\|}}{Cl-P((OC_6H_5)_2}\ \longrightarrow\ (C_6H_5)_3P{=}C\underset{O}{\overset{H}{<}}P(OC_6H_5)_2\ +\ [CH_3\overset{\oplus}{P}(C_6H_5)_3]Cl^{\ominus}$$

$$297 \qquad\qquad\qquad 298 \qquad\qquad\qquad\qquad 93$$

$$\downarrow R{-}C\overset{O}{\underset{H}{<}}$$

$$R{-}\underset{\overset{|}{H}}{C}{=}C\underset{O}{\overset{H}{<}}P(OC_6H_5)_2$$

$$299$$

Die Umsetzung von 6 Mol *90* mit 1 Mol Phosphortrichlorid *300* läßt das Tri-ylid *301* entstehen. Analoge Reaktionen ergeben Phosphor-oxichlorid und -thiooxichlorid [119].

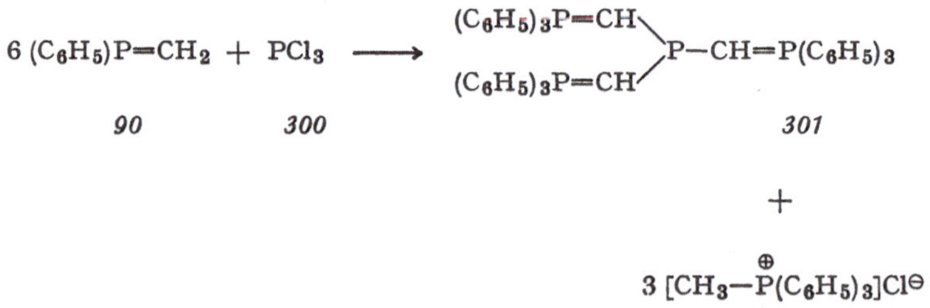

$$6\ (C_6H_5)P{=}CH_2\ +\ PCl_3\ \longrightarrow\ \underset{(C_6H_5)_3P{=}CH}{\overset{(C_6H_5)_3P{=}CH}{>}}P{-}CH{=}P(C_6H_5)_3$$

$$90 \qquad\qquad 300 \qquad\qquad\qquad\qquad\qquad 301$$

$$+$$

$$3\ [CH_3{-}\overset{\oplus}{P}(C_6H_5)_3]Cl^{\ominus}$$

$$93$$

F. Reaktionen von Yliden mit Dirhodan

I. Synthese von α-Acyl-α-rhodan-methylen-triphenyl-phosphoranen

Acylylide *73* und Dirhodan *302* reagieren zunächst zu den Yliden *303*, die durch schwache Basen in die Acyl-rhodan-methylen-triphenylphosphorane *304* überführt werden [122].

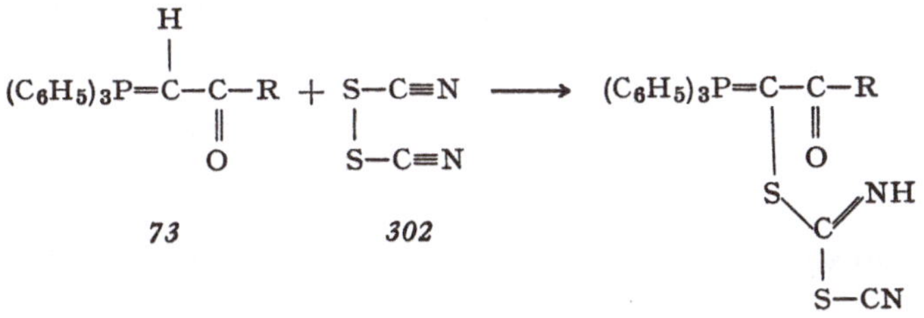

$$(C_6H_5)_3P\!\!=\!\!C\!-\!C\!-\!R \ + \ S\!-\!C\!\equiv\!N \longrightarrow (C_6H_5)_3P\!\!=\!\!C\!-\!C\!-\!R$$

H

|| O | S—C≡N

73   *302*

303

$$303 \ \xrightarrow[-\text{HSCN}]{\text{Base}} \ (C_6H_5)_3P\!\!=\!\!C\!\!-\!\!-\!\!C\!-\!R$$

SCN   O

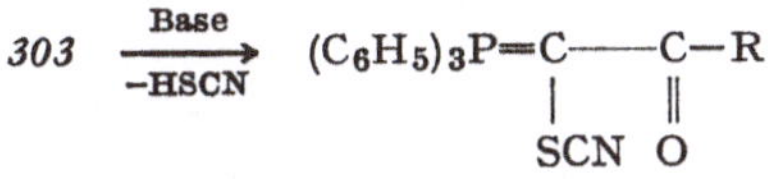

304

II. Synthese von Rhodanallenen

Acetyl-methylen-triphenylphosphorane *305* reagieren mit *302* zunächst zu Betainen *306*, die durch intramolekulare γ-Eliminierung in die Betaine *307* übergehen. Aus *307* spaltet sich Triphenylphosphinoxid ab, wobei gleichzeitig durch den Einfluß eines 2. Mol *305* HSCN eliminiert wird. Man isoliert Rhodanallene *308* und Phosphoniumrhodanide *309* [122].

$$(C_6H_5)_3P=\underset{\underset{O}{\|}}{\overset{\overset{R}{|}}{C}}-C-CH_3 \;+\; \underset{\underset{S-CN}{|}}{S-CN} \;\longrightarrow\; (C_6H_5)_3\overset{\oplus}{P}-\underset{S}{\overset{\overset{R}{|}}{C}}-\underset{\underset{O}{\|}}{C}-CH_3$$

305   302

306

$$306 \longrightarrow \quad R-\underset{\underset{\underset{SCN}{|}}{\overset{C=NH}{\diagdown}}}{\overset{\overset{\overset{(C_6H_5)_3\overset{\oplus}{P}}{|}}{C}}{C}}-\underset{\underset{S}{|}}{\overset{\overset{O}{\|}{\ominus}}{C}}-CH_2 \xrightarrow[-OP(C_6H_5)_3]{305} \underset{NCS}{\overset{R}{\diagdown}}C=C=CH_2$$

307   308

+

$$\left[(C_6H_5)_3\overset{\oplus}{P}-\underset{\underset{R}{|}}{CH}-\underset{\underset{O}{\|}}{C}-CH_3\right]\;SCN^{\ominus}$$

309

III. Synthese von α,β-ungesättigten-trans-Rhodansenfölen

Acyclylide vom Typ *310* (R¹ und R² ≠ H) bilden mit *302* zunächst ebenfalls Betaine *311*. Aus sterischen Gründen kommt es jetzt nicht zur intramolekularen Eliminierung eines Protons in γ-Stellung, sondern der negative Stickstoff greift die Carbonylgruppe an. Das dadurch entstehende Betain *312* lagert sich in *313* um, das nun seinerseits Triphenylphosphinoxid abspaltet und in das α,β-ungesättigte-trans-Rhodansenföl *314* übergeht [122]. Die Verbindungen *314* lassen sich auf verschiedene Weisen in Thiazolderivate überführen.

$$(C_6H_5)_3P=\underset{R}{\overset{R}{\underset{|}{C}}}-\underset{O}{\overset{\|}{C}}-HC\underset{R^2}{\overset{R^1}{\diagdown}} \;+\; \underset{\underset{S-CN}{|}}{S-CN} \;\longrightarrow\; (C_6H_5)_3\overset{\oplus}{P}-\underset{S}{\overset{\overset{R}{|}}{C}}-\underset{\underset{NCS}{|}}{\overset{\overset{O}{\|}}{C}}-HC\underset{R^2}{\overset{R^1}{\diagdown}}$$

310   302

311

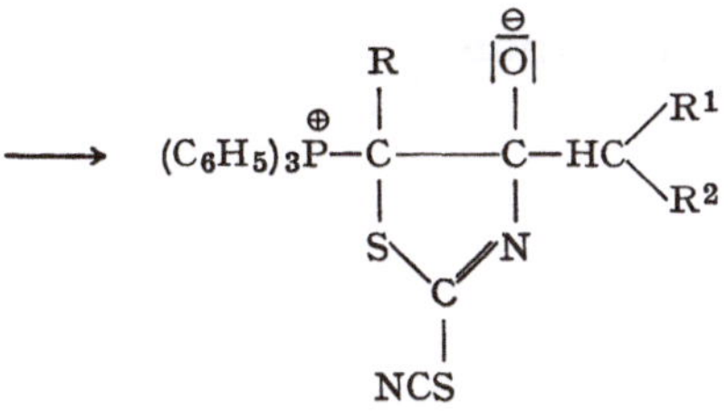

$$\longrightarrow \quad (C_6H_5)_3\overset{\oplus}{P}-\underset{\underset{\overset{|}{C}}{\overset{|}{S}}\diagdown}{\overset{R}{\underset{|}{C}}}-\!-\!-\overset{\overset{\overset{\ominus}{|\overline{O}|}}{|}}{\underset{\underset{N}{\diagup}}{C}}-HC\diagup^{R^1}_{\diagdown R^2}$$

$$\underset{NCS}{}$$

312

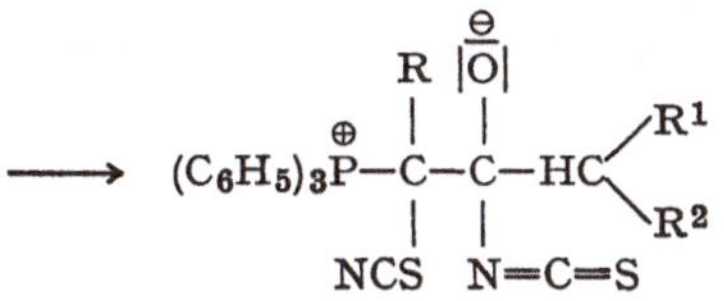

$$\longrightarrow \quad (C_6H_5)_3\overset{\oplus}{P}-\underset{NCS}{\overset{R}{\underset{|}{C}}}-\underset{N=C=S}{\overset{\overset{\ominus}{|\overline{O}|}}{\underset{|}{C}}}-HC\diagup^{R^1}_{\diagdown R^2}$$

313

$$\textit{313} \quad\longrightarrow\quad \underset{R\diagup}{\overset{NCS\diagdown}{}}C=C\underset{\diagdown N=C=S}{\overset{\diagup CH\diagdown^{R^1}_{R^2}}{}} \quad + \quad OP(C_6H_5)_3$$

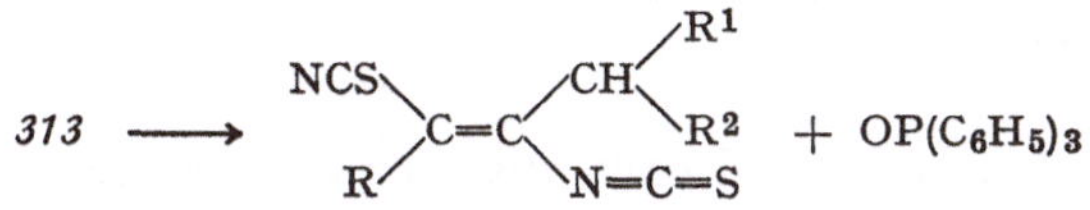

314

G. Reaktionen stabiler Ylide mit Mannichbasen

I. Synthese α-verzweigter α,β-ungesättigter Carbonylverbindungen

Acylylide *73* (mit R = aryl oder OR[1]) lassen sich mit Mannichbasen vom Typ Ar—CH$_2$—N(CH$_3$)$_2$ *315* oder Ar—CO—CH$_2$—CH$_2$—N(CH$_3$)$_2$ *316* alkylieren.

Die entstehenden, sonst schwer zugänglichen Phosphinalkylene *317* bzw. *318* reagieren mit Aldehyden zu α-verzweigten α,β-ungesättigten Dicarbonylverbindungen *319* bzw. *320* [123]).

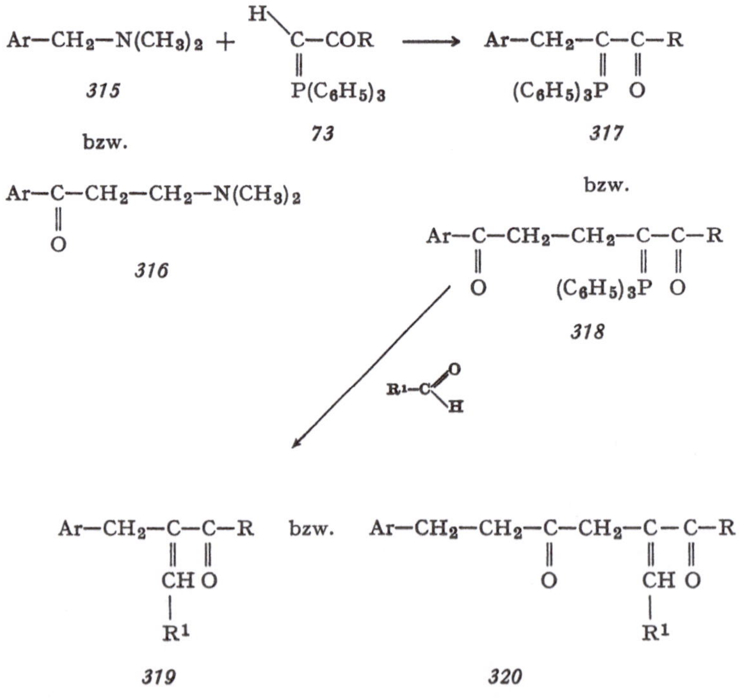

II. Synthese von Benzopyranderivaten

O-Hydroxy-aryl-mannichbasen, z.B. *321*, reagieren mit Benzoyl-me-
thylen-triphenylphosphoran *323* zu Benzopyranderivaten, z.B. *325* [123].

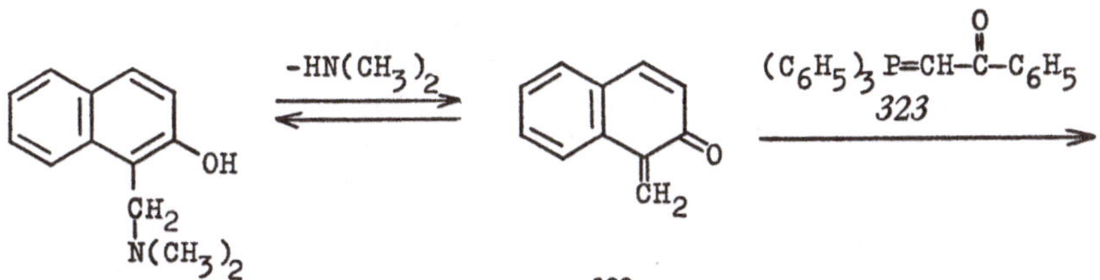

Der Mechanismus der Entstehung von *325* wird wie folgt interpretiert [123]. *321* steht unter Abspaltung von $HN(CH_3)_3$ im Gleichgewicht
mit dem Naphtochinonmethid *322*, das durch Cycloaddition mit *323*
zum Betain *324* reagiert, welches Triphenylphosphinoxid unter Bildung
von *325* abspaltet.

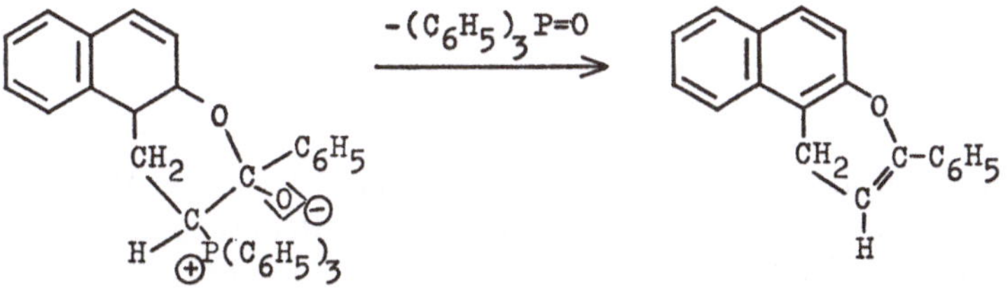

Alkoxy-carbonyl-methylen-triphenylphosphorane *117* reagieren mit
der Mannichbase *326* zum Ylid *327*, das aus seiner Enolform heraus
2 Mol R^1OH abspaltet. Man isoliert das Ylid *328*, das mit Aldehyden
die Verbindungen *329* ergibt [123].

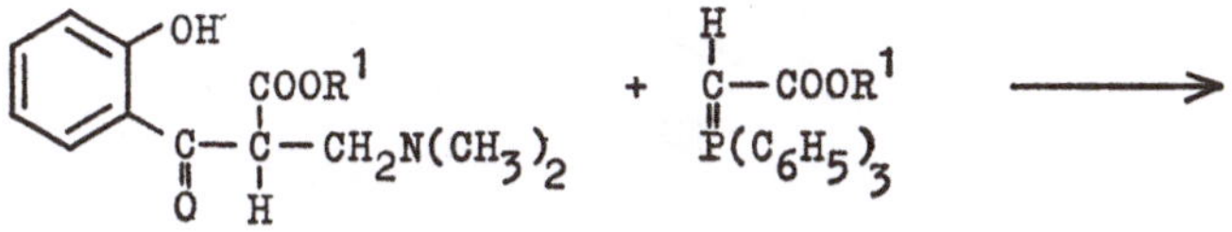

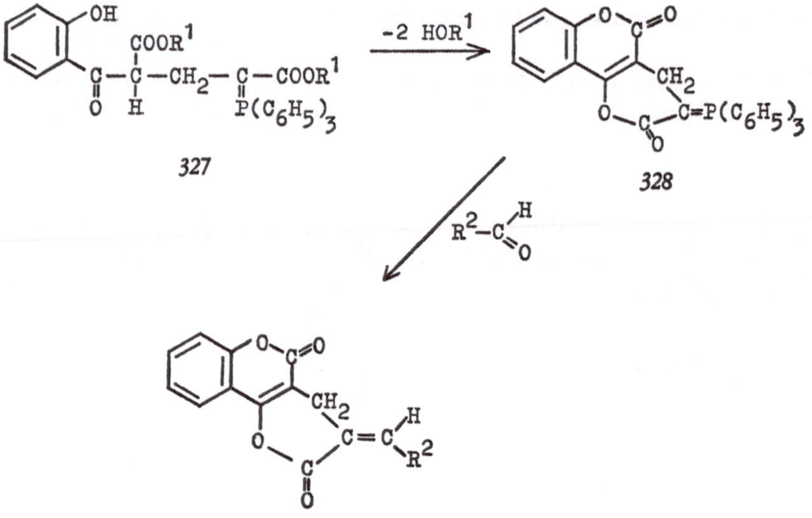

327   328

329

Setzt man die aus *117* und *315* erhaltenen Ylide *330* mit O-Hydroxy-aldehyden, z.B. *331* um, so tritt neben der Wittig-Reaktion Abspaltung von Alkohol unter Bildung der Verbindungen *332* ein [123].

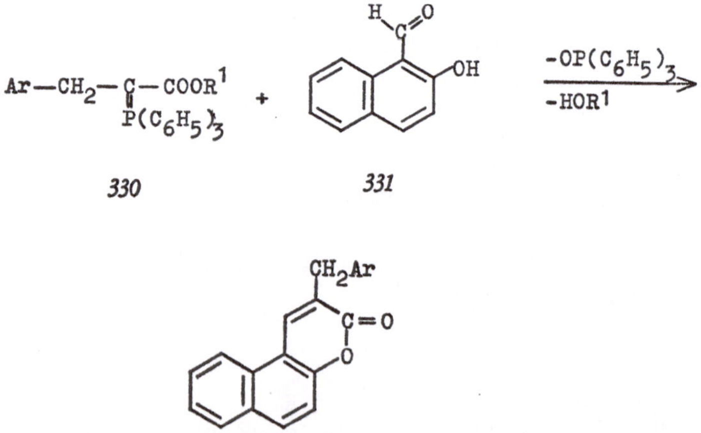

330   331

332

H. Umsetzungen von Phosphinalkylenen mit Reagenzien, die Mehrfachbindungen enthalten

I. Umsetzungen von Phosphinalkylenen mit der Carbonylgruppe (Wittig-Reaktion)

Die Wittig-Reaktion ist nach wie vor die am meisten durchgeführte Umsetzung der Phosphinalkylene. Die Zahl der Publikationen, in der ihre Anwendung zur Synthese von Olefinen beschrieben wird, ist Legion. Es würde den Rahmen dieser Zusammenfassung sprengen, würde man all diese Arbeiten, die zum Teil Varianten der Wittig-Reaktion aufzeigen, anführen. Eine zusätzliche Übersicht über den heutigen Stand der Anwendungsbreite der Wittig-Reaktion scheint angebracht zu sein. An dieser Stelle soll nur auf einzelne Entwicklungen der letzten Zeit eingegangen werden:

1. Zur Stereochemie der Wittig-Reaktion

Wesentliche Beiträge zur Stereochemie der Wittig-Reaktion stammen von M. Schlosser. Sie sind in einer Arbeit mit vielen diesbezüglichen Literaturangaben zusammengefaßt [124].

Aldehyde *333* und Ylide *34* können sich zu den diastereoisomeren Betainen *334* (erythro) und *335* (threo) zusammenlagern. Aus *334* entsteht nach Abspaltung von Triphenylphosphinoxid das cis-Olefin *336* und aus dem Betain *335* die trans-Verbindung *337*. Die Betainbildung ist prinzipiell reversibel.

34 und *333* vereinigen sich unter kinetischer Kontrolle zum erythro-Betain *334*. Sorgt man dafür, daß die Betainbildung praktisch irreversibel verläuft, d. h. daß die Geschwindigkeit *334 → 336* größer ist als die der Rückreaktion *334 → 34 + 333*, dann erhält man in Ausbeuten bis zu über 90% das cis-Olefin *336*. Dies ist der Fall, wenn man stark basische salzfreie Ylide [1] *34* (z.B. R = Alkylrest), die man z.B. nach der Natriumamidmethode hergestellt hat, mit Aldehyden umsetzt [124,125].

Eine gleichgroße cis-selektive Olefinierung beobachtet man beim Arbeiten mit dem eingangs erwähnten aus Kalium und Hexamethylphosphorsäuretriamid (HMPT) erhaltenen Basengemisch in HMPT [17].

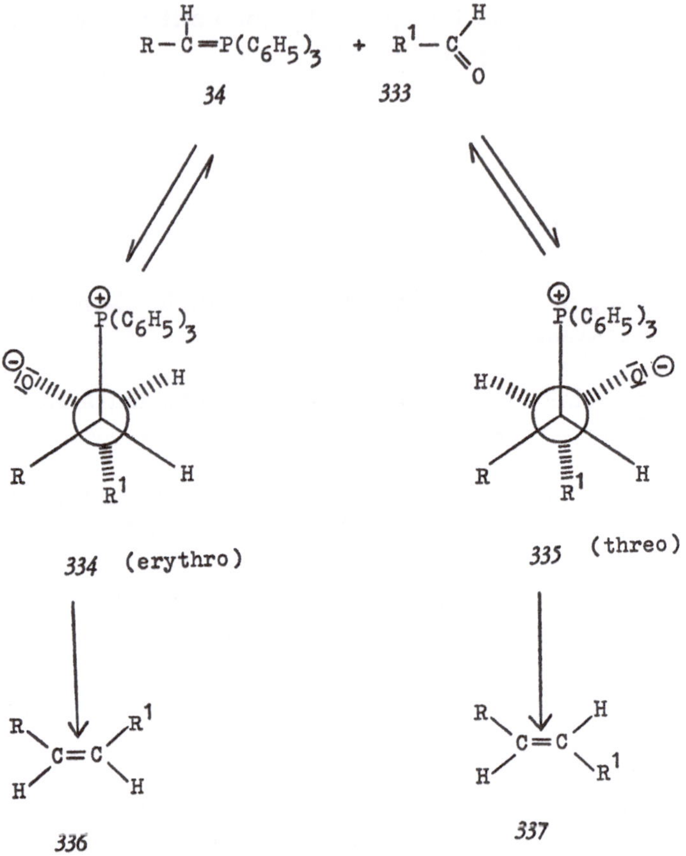

$$R-\overset{\overset{\displaystyle H}{|}}{C}=P(C_6H_5)_3 \quad + \quad R^1-\overset{\overset{\displaystyle H}{}}{\underset{\displaystyle O}{C}}$$

$$34 \qquad\qquad\qquad 333$$

334 (erythro)

335 (threo)

336

337

Thermodynamisch sind die threo-Betaine *335* stabiler. Ist der Zerfall *334* → *34* + *333* schneller als der Zerfall *334* → *336* und Phosphinoxid, so kann sich das Gleichgewicht zugunsten des threo-Betains *335* einstellen und man erhält überwiegend das trans-Olefin *337*. Dies ist der Fall beim Arbeiten mit schwach nucleophilen Yliden (z. B. *34* mit R= C—R¹).

$$\overset{\displaystyle \|}{O}$$

Eine Gleichgewichtseinstellung zugunsten von *335* und damit trans-selektive Olefinierung unter Bildung der trans-Olefine *337* erreicht man bei Verwendung basischer d. h. stark nucleophiler Phosphinalkylene dann, wenn man diese aus den Phosphoniumsalzen mit Li-Organylen herstellt und nach Zugabe des Aldehyds ein zweites Mol der metallorganischen Verbindung zugibt. Die sich dann bildenden sogenannten Betainylide gestatten die Einstellung des Gleichgewichtes zur Seite der entsprechenden Threoverbindung, die bei Zugabe von Protonendonatoren, z.B. $HO-C(CH_3)_3$, in *335* übergeht, das dann in das trans-Olefin *337* [124,126] zerfällt.

2. Partielle asymmetrische Synthese substituierter Benzylidencycloalkane

Setzt man 4-substituierte Cyclohexanone *339* mit chiralen, optisch aktiven Yliden, z.B. *338*, um, so erhält man die axial chiralen, optisch aktiven 4-substituierten Benzyliden-cyclohexane *340* [127]. Die optische Ausbeute beträgt 70—75%.

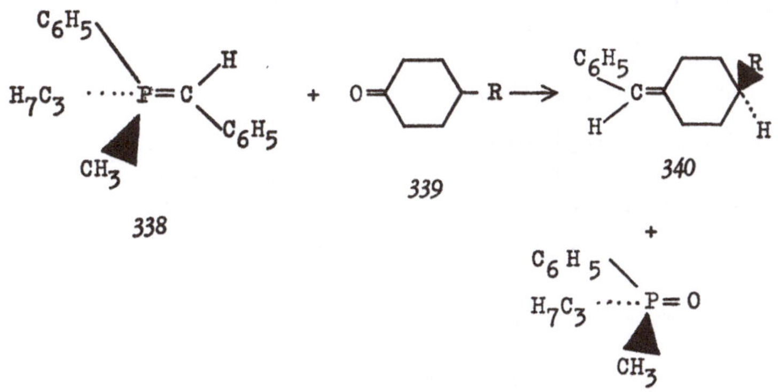

Es zeigt sich, daß man ausgehend vom R-Ylid (Konfiguration wie in *338* angegeben) die Verbindungen *340* der S-Reihe erhält.

Aus Tropinon *342* und Pseudopelleterin *343* erhält man mit *338* in etwa gleicher optischer Ausbeute die aktiven chiralen Verbindungen *344* und *345* [127].

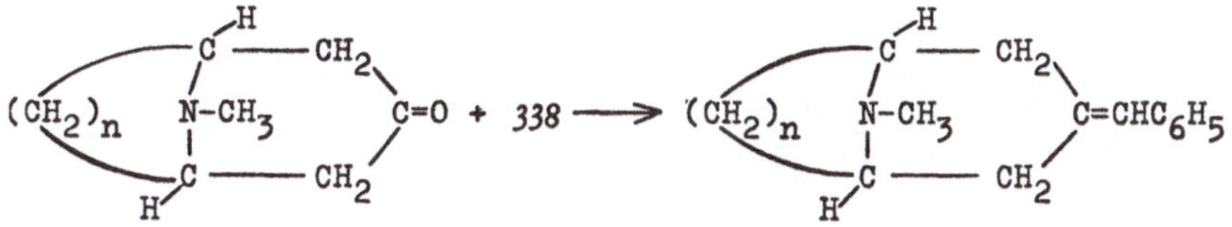

342 n = 2

343 n = 3

344 n = 2

345 n = 3

Das Tribenzocycloheptatrienon *346* setzt sich mit *338* zum optisch aktiven Benzylidenderivat *347* um [127].

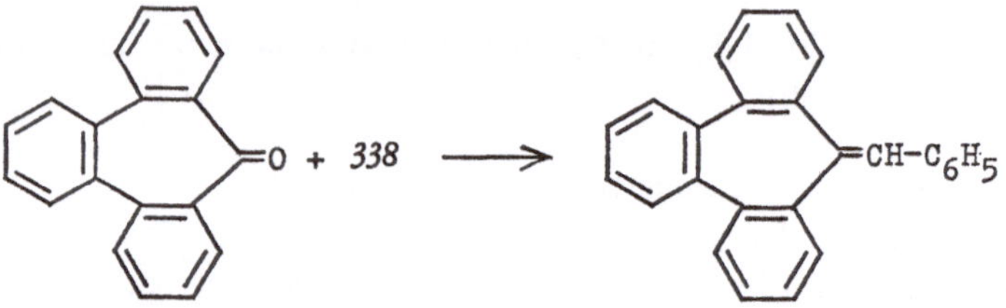

346   347

Die absolute Konfiguration der Verbindungen *344*, *345* und *347* ist bisher nicht bekannt.

3. Säurekatalysierte Wittig-Reaktion

Alkoxycarbonylmethylentriphenylphosphorane *117* reagieren nur unter extremen Bedingungen mit Ketonen *348* [1]. Man erreicht die gewünschte Reaktion zum α,β-ungesättigten Carbonsäureester *349* jedoch durch eine Säurekatalyse mit organischen Säuren, z. B. Benzoesäure [128].

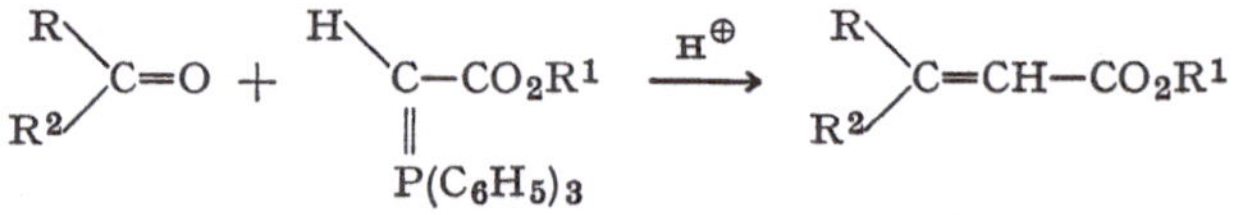

348   117   349

Setzt man 4-substituierte Cyclohexanone *339* mit *117* in Gegenwart optisch aktiver organischer Säuren *350* um, so erhält man durch partielle asymmetrische Säurekatalyse optisch aktive Cyclohexylidenessigsäureester *351*, die sich zu den entsprechenden optisch aktiven Carbonsäuren verseifen lassen [129].

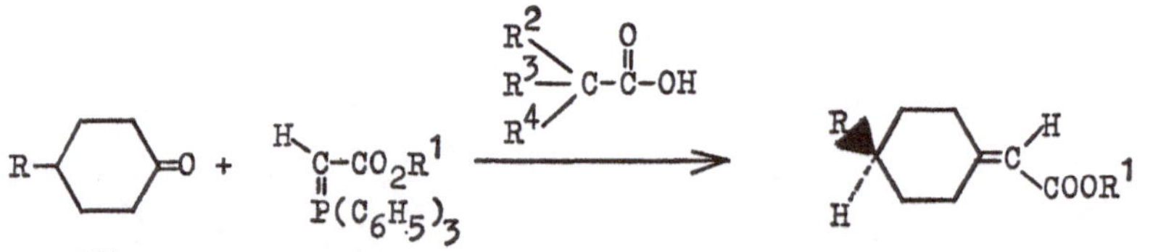

339   117   351

4. Synthese bishomologer Carbonsäuren

Setzt man die leicht darstellbaren Thiosäure-S-äthylester *214* [130] mit aktivem Raney-Nickel in Gegenwart von Yliden *117* um, so reagiert der aus dem Thiolester und Raney-Nickel bei 0 °C intermediär entstehende Aldehyd *352* mit *117* zum ungesättigten Ester *353* [131], der zum Teil auch schon zum gesättigten Ester *354* reduziert ist. Die Estermischung *353* und *354* wird durch Kochen mit weiterem Raney-Nickel oder bei der katalytischen Hydrierung in die einheitliche Verbindung *354* überführt, die bei Bedarf durch Verseifung die freie Carbonsäure liefert. Somit ergibt sich folgende allgemeine präparative Methode zur Synthese bis-homologer-Carbonsäuren [132]:

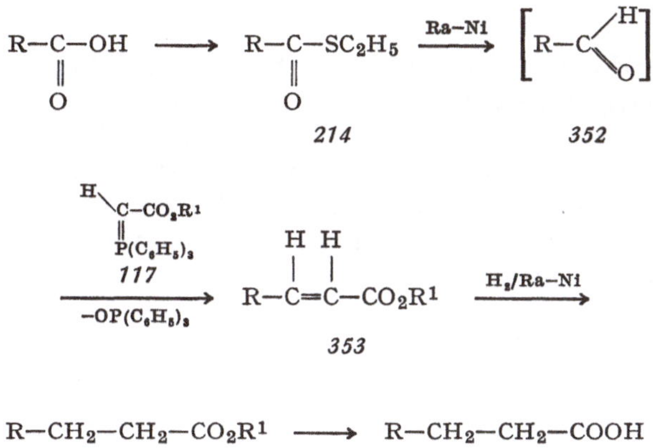

$$R-\underset{\underset{O}{\|}}{C}-OH \longrightarrow R-\underset{\underset{O}{\|}}{C}-SC_2H_5 \xrightarrow{\text{Ra-Ni}} \left[R-C\underset{O}{\overset{H}{\diagdown}} \right]$$

214   *352*

$$\xrightarrow[-OP(C_6H_5)_3]{\underset{\underset{\underset{117}{P(C_6H_5)_3}}{\|}}{\overset{H}{\underset{}{\diagdown}}C-CO_2R^1}} \quad R-\overset{H}{\underset{}{C}}=\overset{H}{\underset{}{C}}-CO_2R^1 \xrightarrow{H_2/Ra-Ni}$$

353

$$R-CH_2-CH_2-CO_2R^1 \longrightarrow R-CH_2-CH_2-COOH$$

354

Ausgehend von Dicarbonsäuren kann man die Kohlenstoffkette nach beiden Seiten um 2-C-Atome verlängern. Ersetzt man in *117* das H-Atom der Ylid-Gruppierung durch einen aliphatischen Rest, so kommt man zu α-verzweigten Carbonsäuren bzw. Dicarbonsäuren.

5. Ringschlüsse durch Addition an Vinyl-triphenylphosphoniumbromid und anschließende intramolekulare Wittig-Reaktion

Ein elegantes Verfahren zur Darstellung von cyclischen Verbindungen wurde von Schweizer et al. [133] ausgearbeitet. Das Syntheseprinzip nimmt folgenden allgemeinen Verlauf:

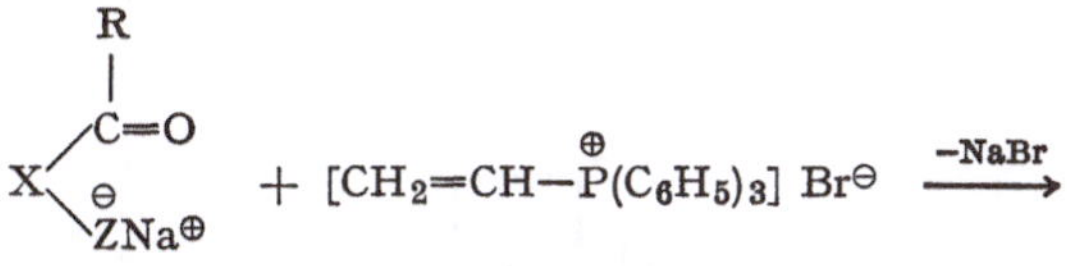

$$X\underset{\underset{ZNa^{\oplus}}{\diagdown_{\ominus}}}{\overset{\overset{R}{\underset{}{|}}}{\diagup^{C=O}}} + [CH_2=CH-\overset{\oplus}{P}(C_6H_5)_3]\ Br^{\ominus} \xrightarrow{-NaBr}$$

355   *10*

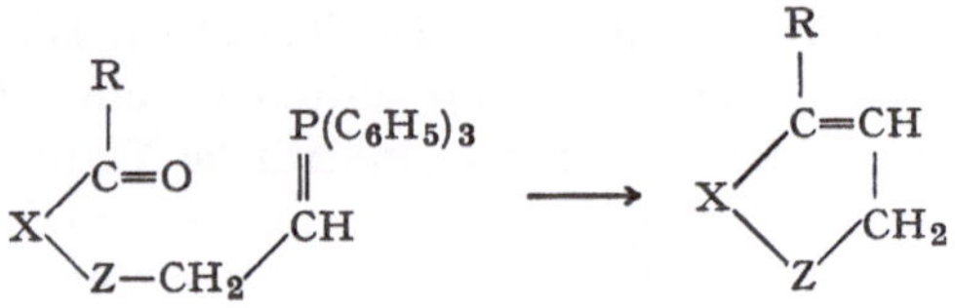

356   357

Eine Z—H aktive Verbindung (Z z.B. = C, O, N, S), die gleichzeitig eine Carbonylgruppe enthält, wird als Natriumsalz *355* mit Vinyltriphenylphosphoniumbromid *10* zur Reaktion gebracht. Unter Bildung von NaBr und Addition des Anions von *355* an *10* entsteht das Yild *356*, das durch intramolekulare Wittig-Reaktion in die cyclischen Verbindungen *357* übergeht. Nach diesem Verfahren wurden u. a. folgende Ringsysteme synthetisiert:

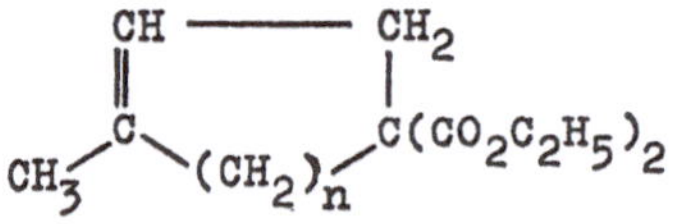

n = 1, 2, 3

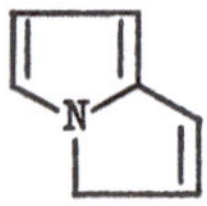

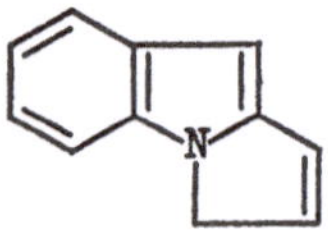

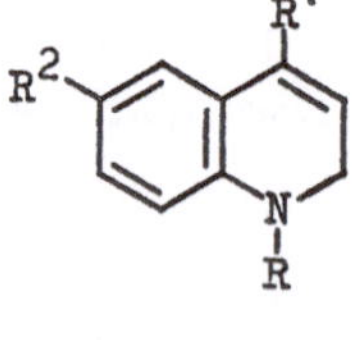

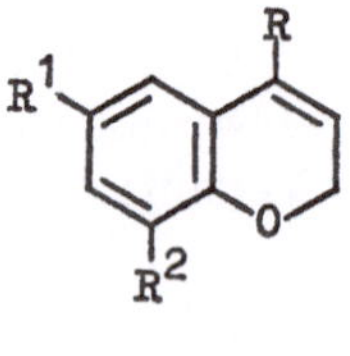

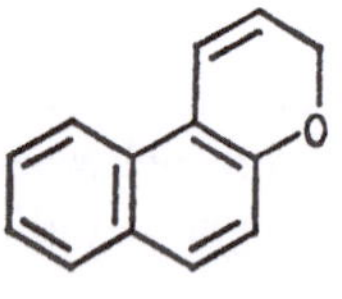

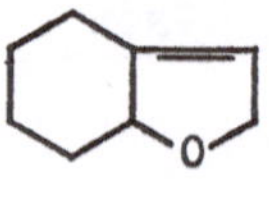

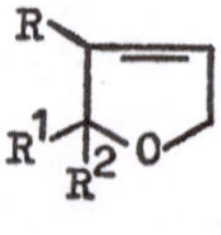

6. Reaktion mit CO_2

a) Bildung von Betainen. Synthese von Carbonsäuren

Eigenartigerweise ist die Reaktion von Phosphinalkylenen mit CO_2 bisher nicht systematisch studiert worden [134]. Unsere diesbezüglichen Untersuchungen führten zu folgendem Ergebnis [135]:

Phosphinalkylene *46* geben mit CO_2 *358* kristalline „Betaine" *359*, über deren Struktur wir noch keine sichere Aussage machen können und die mit Basen zu Carbonsäureanionen und Triphenylphosphinoxid verseift werden. Beim anschließenden Ansäuern erhält man die freien Carbonsäuren *360*:

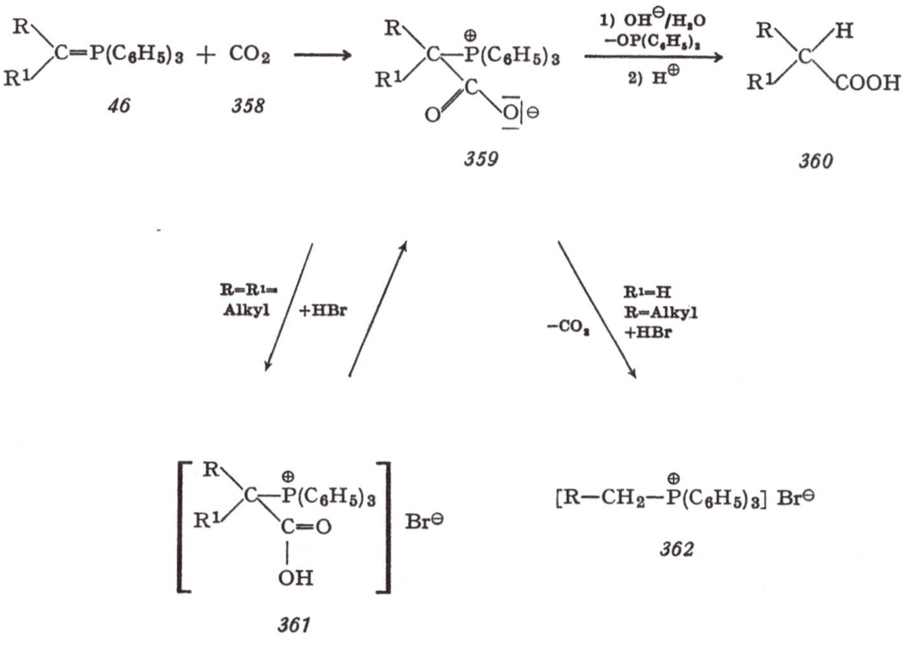

Sind R und R^1 Alkylgruppen, so bilden sich mit HBr die Phosphoniumsalze *361*, die mit Basen die Betaine *359* zurückbilden. Ist $R^1 = H$ und $R = $ Alkylrest, so wird beim Ansäuern mit HBr CO_2 freigesetzt und man erhält Phosphoniumbromide *362*.

Tabelle 4 gibt Auskunft über eine Auswahl durchgeführter Versuche.

Tabelle 4. *Carbonsäuren $R^1RCH—COOH$ 360 durch Carboxylierung von Yliden $R^1RC=P(C_6H_5)_3$ 46 mit CO_2 und anschließende alkalische Verseifung*

Eingesetzes Ylid		Isoliertes Produkt nach der Carboxylierung	Isolierte	Ausbeute an
R	R^1	(Ausb. d. Th.)	Carbonsäure	Carbonsäure in % d. Th.
$CH_2—CH_2$		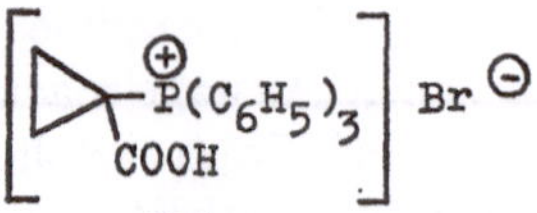 (94)	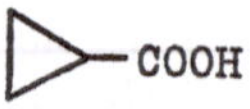	90
$CH_2—CH_2—CH_2$		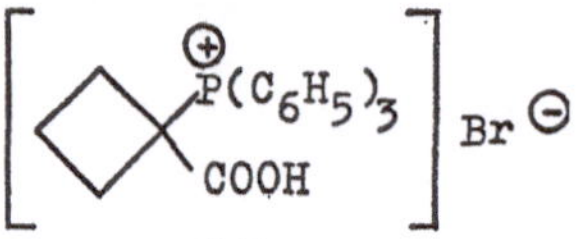 (91)	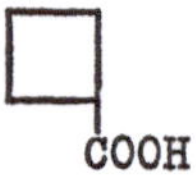	89
$CH_2—CH_2$	CH_3	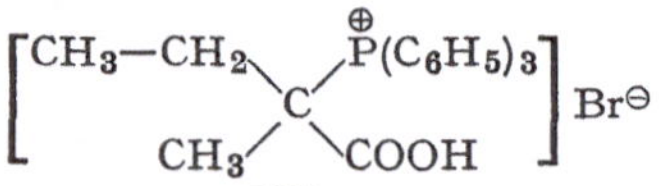 (90)	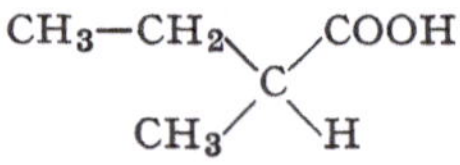	90
C_3H_7	H	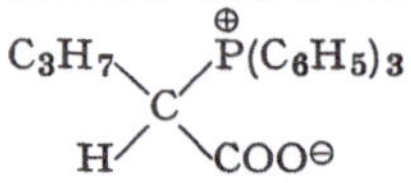 (68)	$C_4H_9—COOH$	83
C_6H_5	H	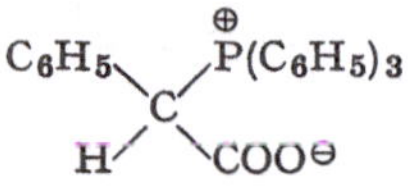	$C_6H_5—CH_2—COOH$	80

b) Bildung von Acylakyliden-triphenylphosphoranen und Allenen

Die Betaine vom Typ *363* gehen beim Erhitzen unter Abspaltung von Triphenylphosphinoxid und CO_2 in Acylalkyliden-triphenylphosphorane der allgemeinen Formel *365* über. Primär entsteht ein Keten *364*, das in noch nicht vollständig geklärter Weise mit einem 2. Mol *363* unter CO_2-Abgabe *365* ergibt.

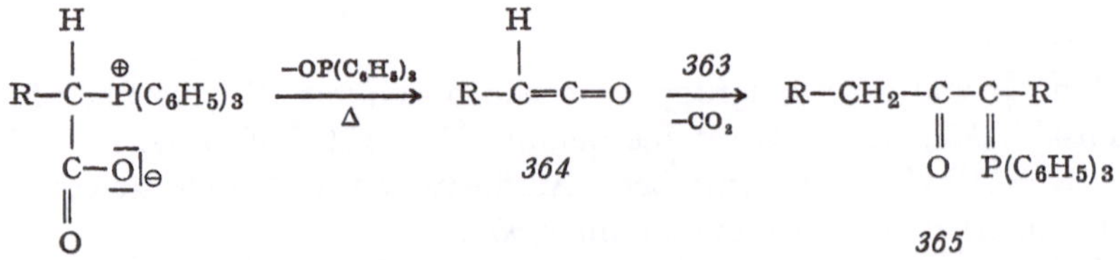

Betaine der Struktur *359* (R und $R^1 \neq H$) liefern bei der Pyrolyse Allene *367*. Auch hier bildet sich intermediär ein Keten *366*, das mit einem 2. Mol Betain *359* unter CO_2- und Triphenylphosphinoxid-Abspaltung das Allen *367* bildet. Die Ausbeuten an *367* liegen zwischen 30 und 40%. Es treten Nebenreaktionen ein, die zur Zeit untersucht werden [135].

359 *366* *367*

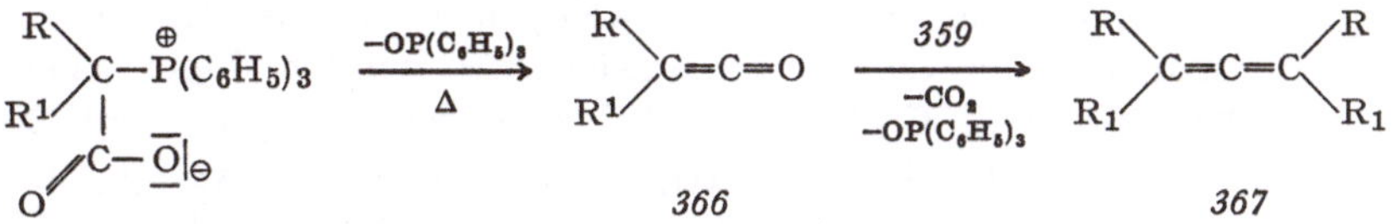

7. Reaktionen mit Betainyliden

Die aus Yliden *34* und Aldehyden *333* entstehenden Betaine *368* lassen sich vorzugsweise bei tiefen Temperaturen mit Li-Organylen umsetzen. Dabei entstehen die sogenannten „Betain-ylide" [124], die u. a. durch die beiden Grenzformeln *369a* und *369b* zu beschreiben sind:

34 *333* *368*

369a *369b*

371 *372*

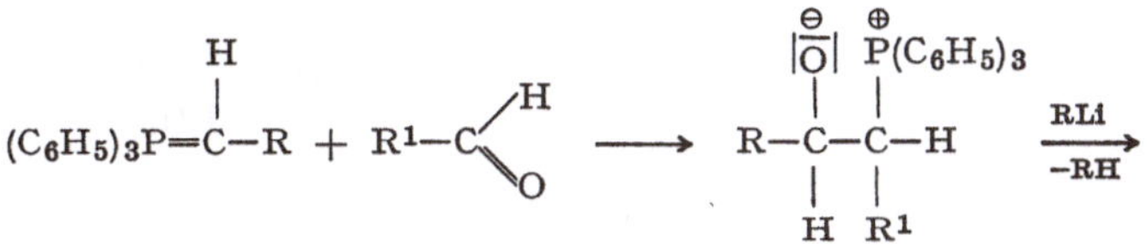

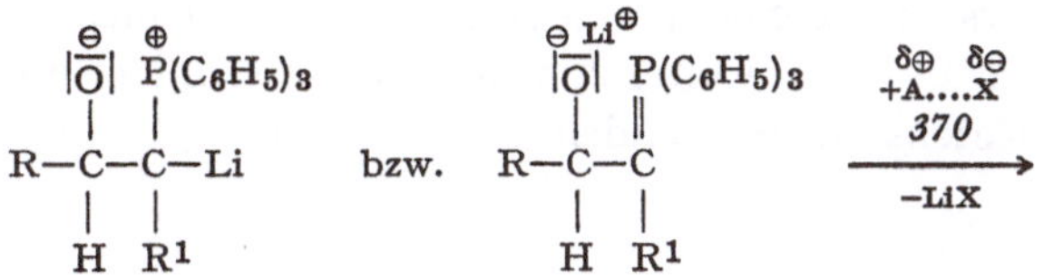

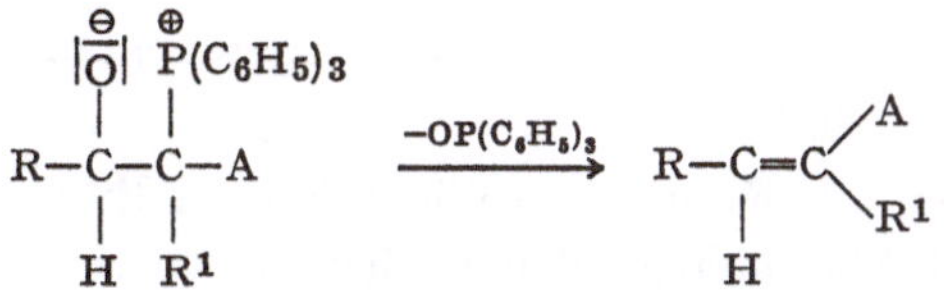

Wie aufgrund der bekannten Reaktionen der Ylide [1] nicht anders zu erwarten, reagieren die Verbindungen *369* als nucleophile Reaktionspartner mit Verbindungen, die einen nucleophilen Angriff zulassen, z.B. mit solchen der allgemeinen Formel *370*. Man erhält dabei Betaine *371*, die unter Abspaltung von Triphenylphosphinoxid in Olefine *372* zerfallen [137,138].

Da für Betainylide das Gleichgewicht auf der Seite der threo-Form liegt [124], verläuft die Olefinbildung weitgehend stereospezifisch. Als Reaktionspartner für die Verbindungen *369* wurden beschrieben: DCl, FClO$_3$, Br$_2$ [137], Cl$_2$JC$_6$H$_5$, CH$_3$J [137,138a] Aldehyde [138a], N-Chlorsuccinimid [138b] sowie Hg(OAr)$_2$ gefolgt von Zugabe von J$_2 \cdot$ LiJ [138b]. Bei der Umsetzung von *369* mit R = nC$_6$H$_{13}$ und R^1 = CH$_3$ und J$_2$ erhält man das entsprechende Keton *375* [138b].

$$369 + J_2 \longrightarrow \left[\begin{array}{c} \overset{\ominus}{|\underline{O}|} \quad \overset{\oplus}{P(C_6H_5)_3} \\ | \qquad | \\ R-C-C-J \\ | \quad | \\ H \quad R^1 \end{array} \right] \longrightarrow R-\overset{O}{\overset{\frown}{C}}\overset{\oplus}{\underset{R^1}{C-P(C_6H_5)_3}}$$

373	*374*

$$\overset{H_2O}{\longrightarrow} \quad R-CH_2-\underset{\underset{O}{\|}}{C}-R^1$$

R = n–C$_6$H$_{13}$;
R^1 = CH$_3$

375

Als Intermediärprodukte bei der Entstehung von *375* wird die Bildung von *373* angenommen, das dann in *374* übergehen und aus dem durch Hydrolyse *375* gebildet werden soll. Der Mechanismus ist jedoch nicht bewiesen. Es bleibt weiter zu prüfen, ob es sich hier um eine allgemeingültige Ketonsynthese handelt.

II. Reaktionen von Phosphinalkylenen mit der C=S-Doppelbindung

1. Reaktion mit COS. Synthese von α,β-ungesättigten Thiocarbonsäure-S-estern

Ylide *34* reagieren mit Kohlenoxysulfid *376* unter Bildung von Betainen *377*, die sich mit Alkylhalogeniden zu den Phosphoniumsalzen *378* umsetzen lassen [136].

$$(C_6H_5)_3P{=}\overset{\overset{\displaystyle H}{|}}{C}{-}R \; + \; O{=}C{=}S \; \longrightarrow \; (C_6H_5)_3\overset{\oplus}{P}{-}\underset{\underset{\displaystyle \underset{\ominus}{|\underline{S}|}}{\overset{|}{C}{=}O}}{\overset{\overset{\displaystyle H}{|}}{C}}{-}R \; \xrightarrow{R^1{-}X}$$

$$\text{34} \qquad\qquad \text{376} \qquad\qquad\qquad\qquad \text{377}$$

$$\left[(C_6H_5)_3\overset{\oplus}{P}{-}\underset{\underset{\displaystyle SR^1}{\overset{|}{C}{=}O}}{\overset{\overset{\displaystyle H}{|}}{C}}{-}R \right] X^{\ominus} \; \xrightarrow{\text{Base}} \; (C_6H_5)_3P{=}\underset{\underset{\displaystyle O}{\|}}{\overset{\overset{\displaystyle R}{|}}{C}}{-}C{-}SR^1$$

$$\text{378} \qquad\qquad\qquad\qquad\qquad \text{379}$$

$$\Big\downarrow \; R^2{-}C\overset{\displaystyle H}{\underset{\displaystyle O}{\diagdown\!\diagup}}$$

$$R^2{-}CH{=}\underset{\underset{\displaystyle R \quad O}{| \quad \|}}{C}{-}C{-}SR^1$$

$$\text{380}$$

Aus *378* erhält man mit Basen die Ylide *379*, deren Wittig-Reaktion mit Aldehyden zu den α,β-ungesättigten Thiocarbonsäure-S-estern *380* führt.

2. Reaktion mit CS_2

a) *Synthese von Ketenmercaptalen*

Setzt man salzfreie Lösungen von Yliden *34* mit Schwefelkohlenstoff *381* im Molverhältnis 2:1 in Benzol um, so fallen die Phosphoniumsalze *382* der α-(Triphenylphosphoranyliden)-dithiocarbonsäuren aus [139].

$$2\,(C_6H_5)_3P{=}\overset{\overset{\displaystyle H}{|}}{C}{-}R \; + \; CS_2 \; \longrightarrow \; \left[\underset{\underset{\displaystyle P(C_6H_5)_3 \quad S}{\| \qquad\qquad \|}}{R{-}C{\rule[0.5ex]{2em}{0.4pt}}C}{-}\overset{\ominus}{\underline{S}|} \right] [R{-}CH_2{-}\overset{\oplus}{P}(C_6H_5)_3]$$

$$\text{34} \qquad\quad \text{381} \qquad\qquad\qquad\qquad\qquad \text{382}$$

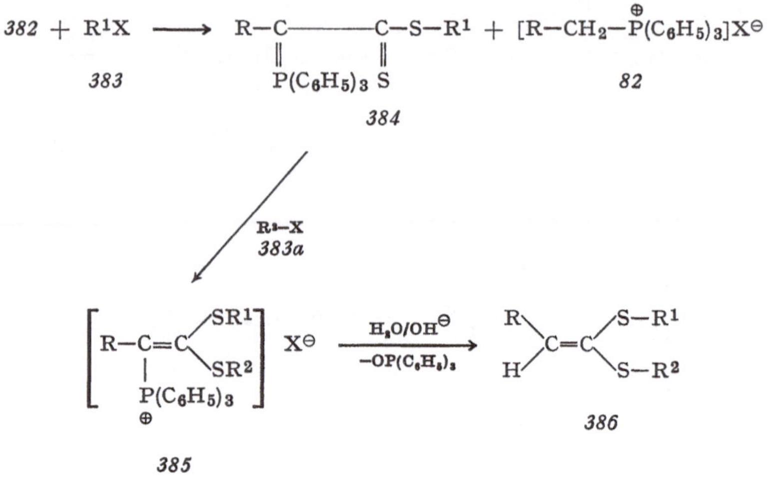

$$382 + R^1X \longrightarrow R-C\underset{\underset{384}{\overset{\|}{P(C_6H_5)_3}}}{\makebox[3cm]{}}\overset{\|}{\underset{S}{C}}-S-R^1 + [R-CH_2-\overset{\oplus}{P}(C_6H_5)_3]X^\ominus$$

383   82

$$\left[R-C\underset{\underset{\oplus}{P(C_6H_5)_3}}{\overset{SR^1}{=}C\overset{SR^1}{\underset{SR^2}{<}}} \right] X^\ominus \xrightarrow[\;-OP(C_6H_5)_3\;]{H_2O/OH^\ominus} \overset{R}{\underset{H}{>}}C=C\overset{S-R^1}{\underset{S-R^2}{<}}$$

385   386

Aus den Verbindungen *382* erhält man mit Alkylhalogeniden *383* die in Benzol unlöslichen Phosphoniumsalze *82* und die löslichen stabilen Ylide *384*, die keine Wittig-Reaktion mehr eingehen, jedoch mit einem weiteren Alkylhalogenid *383a*, das von *383* verschieden sein kann, zu den Phosphoniumsalzen *385* reagieren, deren alkalische Hydrolyse Ketenmercaptale *386* liefert. Auf diesem Wege lassen sich leicht Ketenmercaptale mit verschiedenen SR-Resten aufbauen [139].

b) Synthese von Dithiocarbonsäureestern

Ylide der Struktur *46* (R und $R^1 \neq H$) reagieren mit CS_2 zu Betainen *387*, die mit Alkylhalogeniden *383* Phosphoniumsalze *388* ergeben, deren Elektrolyse Dithiocarbonsäureester *389* liefert [140].

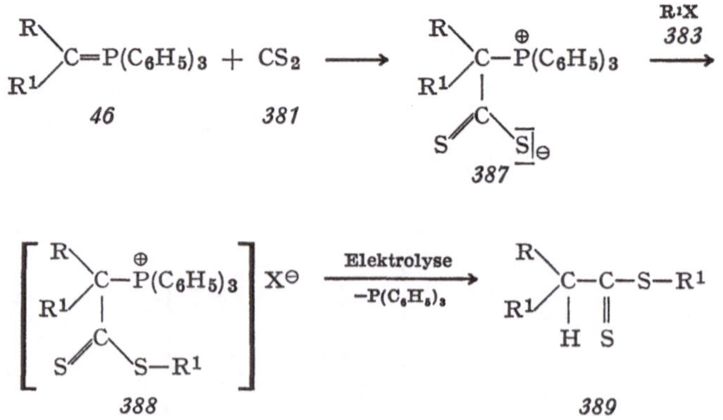

3. Reaktion mit Isothiocyanaten. Synthese von α,β-ungesättigten Thiocarbonsäureamiden und Thioimidsäurederivaten

Aus Phosphinalkylenen *34* und Isothiocyanaten *390* bilden sich Betaine *391*, die sich für R=H oder einen Rest R mit −I-Effekt in die Ylide *392* umlagern, deren Wittig-Reaktion einen Zugang zu α,β-ungesättigten N-substituierten Thiocarbonsäureamiden *393* eröffnet [141].

$$
\underset{34}{(C_6H_5)_3P=\overset{\overset{\textstyle H}{|}}{C}-R} \; + \; \underset{390}{R^1-N=C=S} \longrightarrow \underset{391}{(C_6H_5)_3\overset{\oplus}{P}-\overset{\overset{\textstyle H}{|}}{\underset{\underset{\ominus}{\underset{|}{\overline{S}-C=NR^1}}}{C}}-R} \longrightarrow
$$

$$
\underset{392}{(C_6H_5)_3P=\overset{\overset{\textstyle R}{|}}{\underset{\underset{\textstyle S}{\|}}{C}}-\overset{\overset{\textstyle H}{|}}{C}-\overset{\overset{\textstyle H}{|}}{N}-R^1} \xrightarrow{R^2-C\overset{H}{\underset{O}{\diagdown}}} \underset{393}{R^2-C=\overset{\overset{\textstyle H}{|}}{C}-\overset{\overset{\textstyle R}{|}}{\underset{\underset{\textstyle S}{\|}}{C}}-\overset{\overset{\textstyle H}{|}}{N}-R^1}
$$

Sowohl die Betaine *391* als auch die Ylide *392* werden von Methyljodid S-methyliert. Man erhält Phosphoniumsalze *394*, die sich mit Na-methanolat in die Ylide *395* überführen lassen.

Ausgehend von *395* erhält man durch Hydrolyse Thioimidsäurederivate *396* und durch Wittig-Reaktion derartige Derivate *397* α,β-ungesättigter Säuren [141].

$$
391 \; oder \; 392 \; + \; CH_3J \longrightarrow \left[\underset{394}{\underset{(C_6H_5)_3\overset{\oplus}{P}}{\overset{R}{\diagup}}C=C\underset{S-CH_3}{\overset{N-R^1}{\diagup}}} \right] J^{\ominus}
$$

$$
394 \xrightarrow{NaOCH_3} \underset{395}{R-\underset{(C_6H_5)_3P}{\overset{\|}{C}}-C\underset{S-CH_3}{\overset{N-R^1}{\diagup}}} \xrightarrow[-OP(C_6H_5)_3]{H_2O} \underset{396}{R-CH_2-C\underset{S-CH_3}{\overset{N-R^1}{\diagup}}}
$$

$$
\Big\downarrow \; R^2-C\overset{O}{\underset{H}{\diagdown}}
$$

$$
\underset{397}{R^2-\overset{\overset{\textstyle H}{|}}{C}=\overset{\overset{\textstyle R}{|}}{C}-C\underset{S-CH_3}{\overset{N-R^1}{\diagup}}}
$$

III. Reaktionen von Phosphinalkylenen mit der C=C-Doppelbindung

1. Allgemeines Reaktionsschema

Schon früher wurde gezeigt [1,142)], daß Ylide *34* mit elektronenarmen C=C-Doppelbindungen *398* (R^1 oder R^2 mit $-I$ oder $-M$-Effekt) primär Betaine *399* bilden, die dann Sekundärreaktionen eingehen. Zunächst waren zwei solche Sekundärreaktionen bekannt.

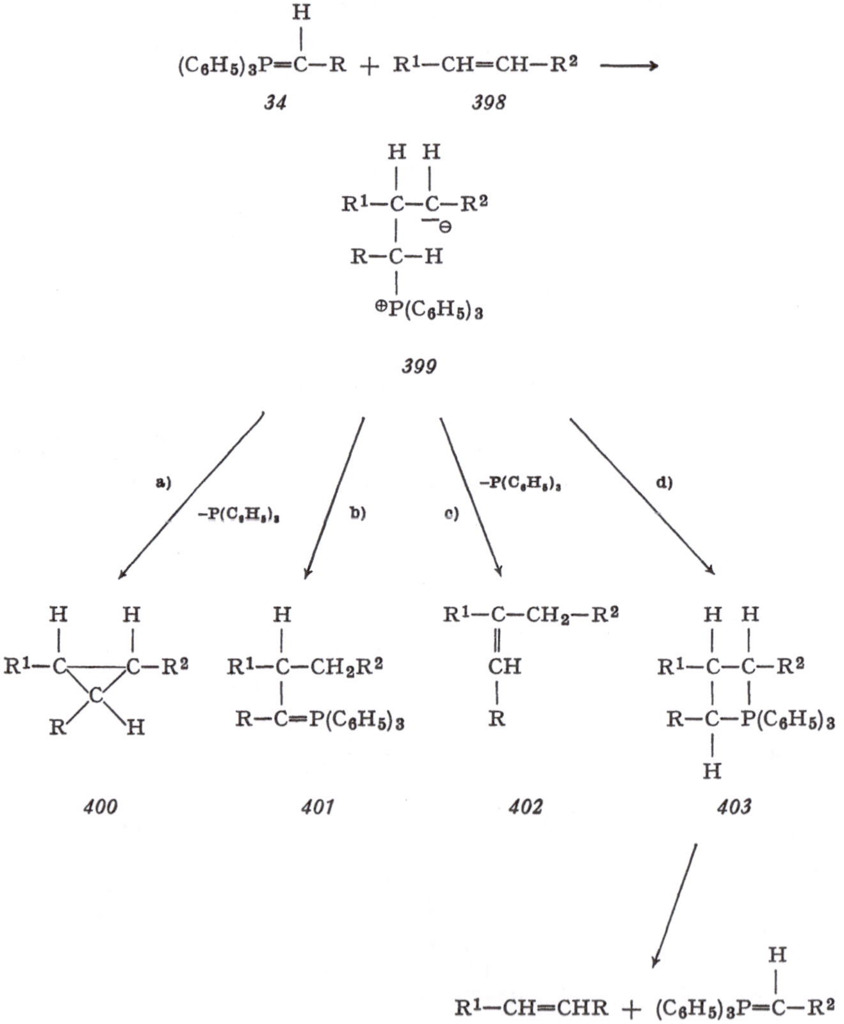

$$\underset{34}{(C_6H_5)_3P=\overset{\overset{H}{|}}{C}-R} \;+\; \underset{398}{R^1-CH=CH-R^2} \;\longrightarrow$$

$$\underset{399}{\begin{array}{c} \overset{H}{|}\;\overset{H}{|} \\ R^1-C-\overset{-\ominus}{C}-R^2 \\ | \\ R-C-H \\ | \\ {}^{\oplus}P(C_6H_5)_3 \end{array}}$$

a) $-P(C_6H_5)_3$ b)   c) $-P(C_6H_5)_3$ d)

$$\underset{400}{\begin{array}{c} \overset{H}{|}\quad\;\overset{H}{|} \\ R^1-C\!\!-\!\!\!\diagdown_C\diagup\!\!\!-\!\!C-R^2 \\ R^{\diagup}\quad{}^{\diagdown}H \end{array}}$$

$$\underset{401}{\begin{array}{c} \overset{H}{|} \\ R^1-C-CH_2R^2 \\ | \\ R-C=P(C_6H_5)_3 \end{array}}$$

$$\underset{402}{\begin{array}{c} R^1-C-CH_2-R^2 \\ \| \\ CH \\ | \\ R \end{array}}$$

$$\underset{403}{\begin{array}{c} \overset{H}{|}\;\overset{H}{|} \\ R^1-C-C-R^2 \\ |\quad| \\ R-C-P(C_6H_5)_3 \\ | \\ H \end{array}}$$

$$\underset{404}{R^1-CH=CHR} \;+\; \underset{405}{(C_6H_5)_3P=\overset{\overset{H}{|}}{C}-R^2}$$

Weg a: Übt R einen +I- oder +M-Effekt aus, so kommt es durch intramolekulare Substitution unter Austritt von Triphenylphosphin zur Bildung von Cyclopropanderivaten *400*.

Weg b: Übt R einen erheblichen —I-Effekt aus, so tritt unter Wanderung des Protons vom α-C-Atom des Phosphors an das anionische γ-C-Atom eine „Michael-Addition" unter Bildung des Ylids *401* ein.

Inzwischen wurden noch zwei weitere Sekundärreaktionen gefunden.

Weg c: Wenn R¹- und R²-Gruppierungen mit —I- bzw. —M-Effekt sind, erfolgt eine Art Hofmann-Abbau unter Eliminierung von Triphenylphosphin und Wanderung eines Protons von der β- in die γ-Stellung. Man erhält ein Olefin *402* [143].

Weg d: Das Betain geht intermediär in ein Phosphacyclobutanderivat *403* über, das in ein Olefin *404* und ein Ylid *405* zerfällt [144].

Im Folgenden soll jeweils auf die verschiedenen Sekundärreaktionen eingegangen werden.

2. Bildung von Cyclopropanderivaten (Weg a)

a) *Spezielle Beispiele*

Aus dem für die Cyclopropanbildung besonders geeigneten Butylidenfluoren *406* [145] und Cyclopropylidentriphenylphosphoran *407* [10] bildet sich die Trispiroverbindung *408* [10].

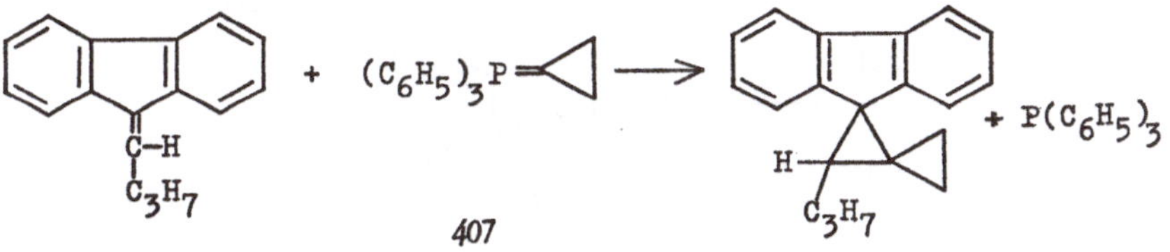

407

406   *408*

Das schon in einer vorläufigen Mitteilung als Cyclopropanderivat *410* angegebene Umsetzungsprodukt des sterisch gehinderten Ketons *409* mit dem Ylid *90* konnte in seiner Struktur als die in *410* angegebene trans-Verbindung gesichert werden [146].

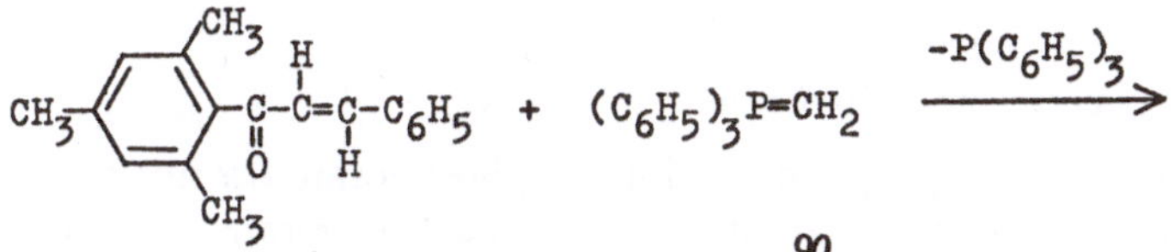

409   *90*

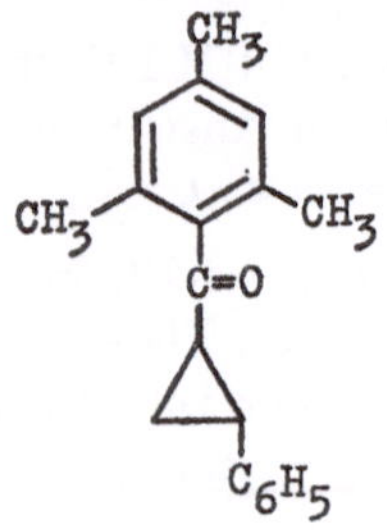

410

Diphenylcyclopropenon *411* reagiert mit dem β-Naphtyliden-triphenyl-phosphoran *412* primär zum Triafulvenderivat *413*, das sich sofort mit einem weiteren Mol *412* zur Spirocyclopentenverbindung *414* umsetzt, welche ihrerseits eine Umlagerung zum Kohlenwasserstoff *415* erleidet [147].

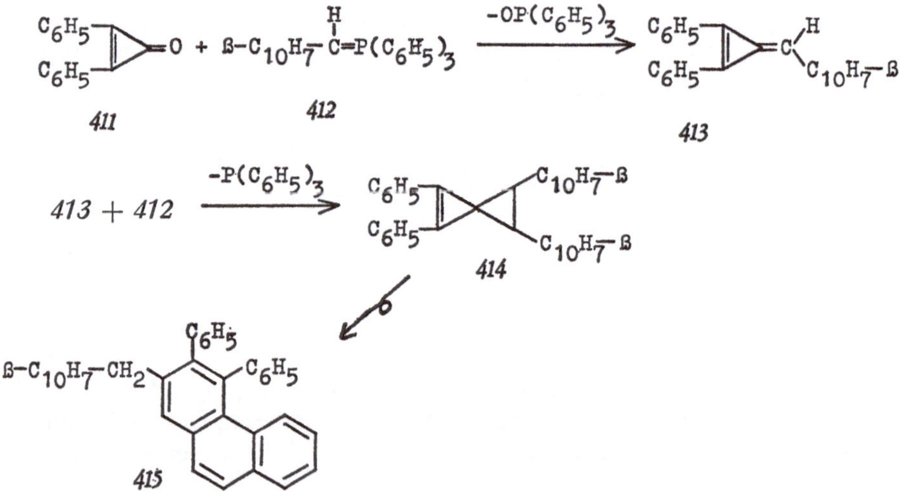

411 *412* *413*

413 + 412 *414*

415

b) Zur Stereochemie der Cyclopropanbildung [143]

Setzt man das Isopropyliden-triphenylphosphoran *419* mit Crotonsäuremethylester *421* um, so erhält man nur das Cyclopropanderivat *416*. Die all-cis-Verbindung, in der zwei Methylgruppen und die Estergruppe auf einer Seite des Ringes stehen, tritt nicht auf. Aus *421* und dem Ylid *420* gewinnt man ein Gemisch, das aus 93% der cis-Verbindung *418* und 7% der trans-Verbindung *417* besteht. Aus dem Benzyliden-triphenyl-phosphoran *422* und *421* isoliert man eine Mischung der Verbindungen *423* (11%), *424* (33%) und *425* (56%). Die jeweils denkbare all-cis-Verbindung wird auch in den beiden letztgenannten Beispielen nicht gefunden. Die angegebene Zusammensetzung der jeweils angeführten Cyclopropanderivate ist unabhängig davon, ob man von reinem cis- oder trans-Carbonsäureester ausgeht. Verwendet man einen Überschuß an jeweils reinem cis- oder trans-Ester *421*, so wird nach der Reaktion eine Mischung von cis- und trans-*421* isoliert.

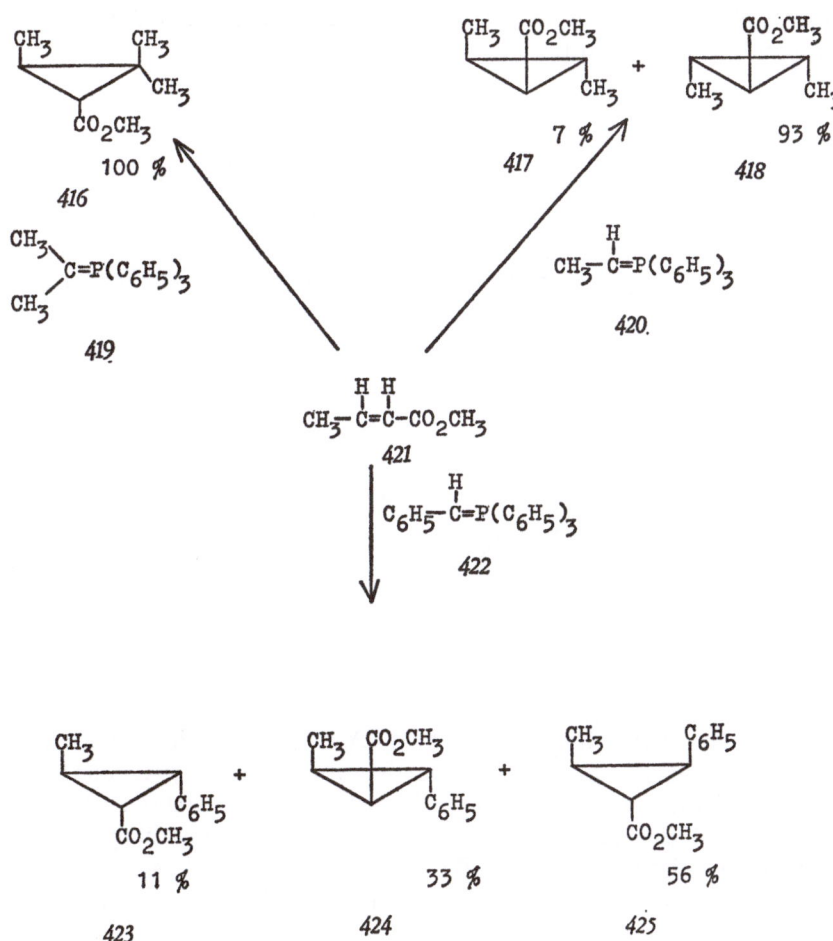

Die %-Angaben unter den Formeln beziehen sich auf Anteile des jeweiligen Isomeren im isolierten Reaktionsprodukt und stellen keine Ausbeuten dar.

Diese Befunde können wie folgt interpretiert werden: aus dem Ylid *419* und Crotonsäuremethylester *421* bildet sich das Betain *426*, von dem wir annehmen, daß es wegen der elektrostatischen Anziehung zwischen dem Carbanion und dem positiven Phosphor in der Konformation *426a* vorliegt. Die Bildung des Cyclopropanringes ist sicherlich eine intramolekulare nucleophile Substitution, d.h. *426a* muß durch Rotation um die in der Newmanprojektion nicht sichtbare C—C-Achse in die Konformation *426b* übergehen, damit das Carbanion das C-Atom, das den zu substituierenden Phosphinrest trägt, von der Rückseite her angreifen kann. Durch Rotation um diejenige C—C-Achse, die die Estergruppe trägt, ist auch die zu *426b* rotamere Form *426c* möglich. *426b* geht in *416* über, während man ausgehend von *426c* zur all-cis-Form *427* des Cyclopropanderivates kommt.

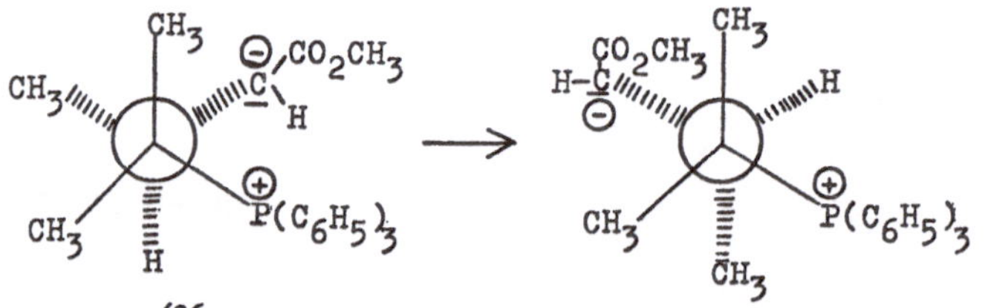

426a

426b

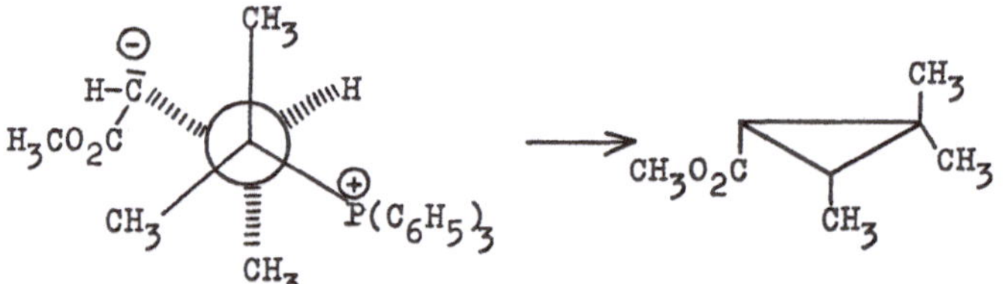

426c

427

Im Moment des Ringschlusses liegt *426c* offensichtlich aus sterischen Gründen nicht vor, da *427* nicht im Reaktionsprodukt gefunden wird. Daß jedoch die Betainbildung reversibel ist und daß während der Lebenszeit von *426* eine Rotation um die ehemalige Doppelbindung von *421* stattfindet, zeigt der Befund, daß bei Einsatz von überschüssigem reinem trans-Crotonester *421* nach der Reaktion ein Gemisch von cis- und trans-*421* gefunden wird.

d) Reaktionen von Phosphinalkylenen mit Chinonen

α) Reaktion mit p-Chinonen. Synthese von p-Hydroxyarylfumar-malein-und bernsteinsäuren

Setzt man das Ylid *451* mit p-Chinonen *450* um, so findet zunächst eine Wittig-Reaktion zum p-Chinonmethid *452* statt. *452* lagert sofort ein zweites Mol *451* an seine stark aktivierte Doppelbindung an. Das Proton von *451* wandert an den Sauerstoff. Man isoliert die Phosphinalkylene *453* [154,155,156].

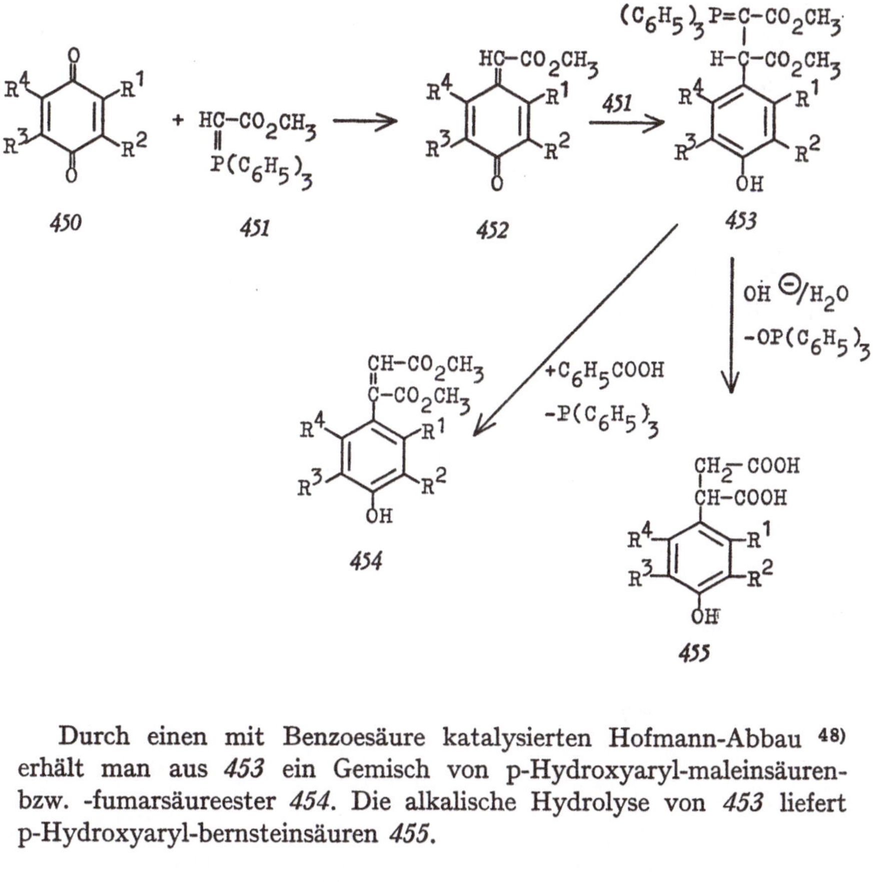

Durch einen mit Benzoesäure katalysierten Hofmann-Abbau [48] erhält man aus *453* ein Gemisch von p-Hydroxyaryl-maleinsäuren- bzw. -fumarsäureester *454*. Die alkalische Hydrolyse von *453* liefert p-Hydroxyaryl-bernsteinsäuren *455*.

β) Reaktionen mit o-Chinonen

Synthese von Cumarin-4-carbonsäureestern. Auch o-Chinone *456* setzen sich mit dem Ylid *451* primär zu Chinonmethiden *457* um, die spontan 1 Mol Phosphinalkylen *451* anlagern. Die entstehenden Betaine *458* unterliegen sofort einem Hofmann-Abbau zu o-Hydroxy-fumarsäure-estern *459*, die ihrerseits durch intramolekulare Umesterung in Cumarin-4-carbonsäuremethylester *460* übergehen [154].

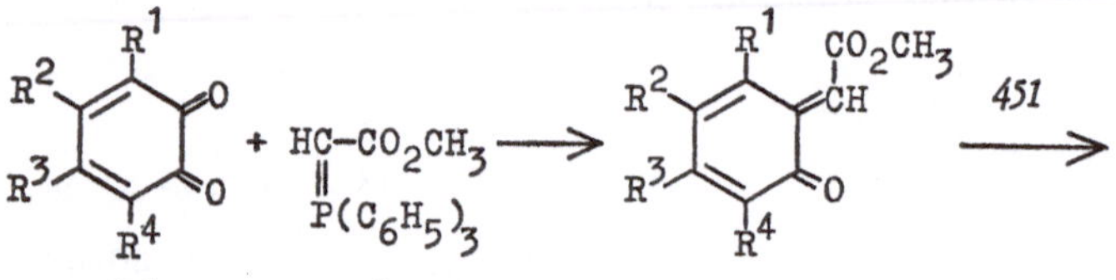

Synthese von Cumaranderivaten. Analog der Reaktion zwischen *456* und *451* setzen sich o-Chinone *456* mit Benzylidentriphenylphosphoranen *422* um. Das primär gebildete Chinonmethid lagert ein zweites Mol *422* an. Auch hier folgt sofort ein Hofmann-Abbau zu einem Stilbenderivat *461*, das einen Ringschluß zum trans-Diphenyl-cumaranderivat *462* eingeht [154,156].

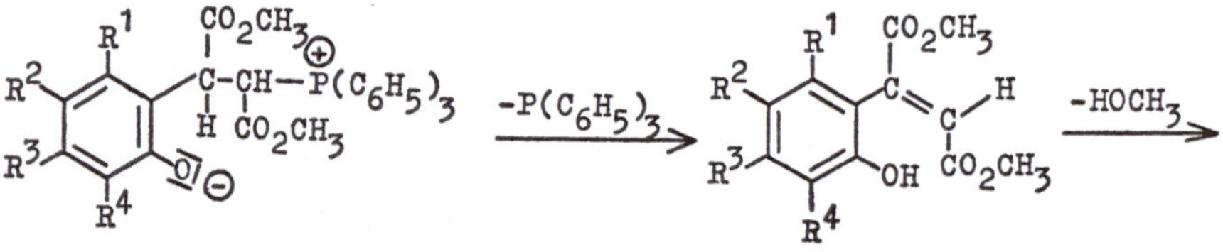

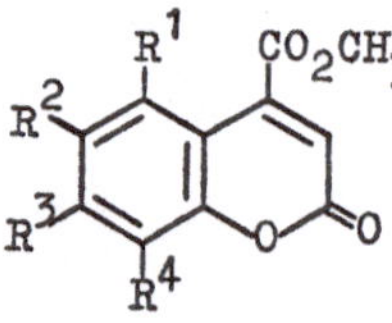

Bei der Umsetzung von *421* mit den Yliden *420* und *422* bilden sich die diastereoisomeren Betaine *428a* und *429a*, die wegen der Reversibilität ihrer Bildung im Gleichgewicht miteinander stehen. Zur Cyclopropanbildung müssen sie in den Konformationen *428b* und *429b* vorliegen.

428a *429a*

428b *429b*

430 *431* *432* *433*

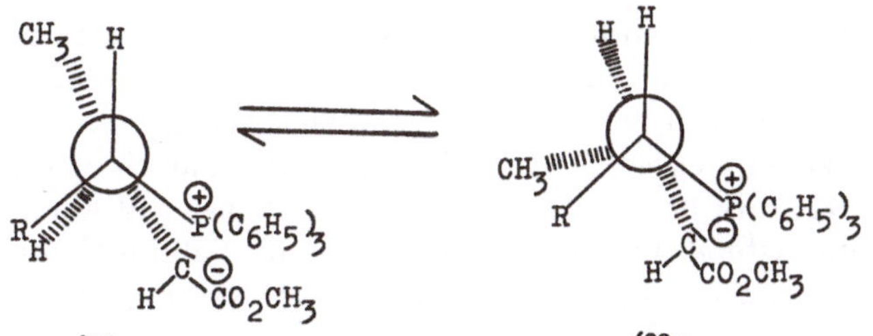

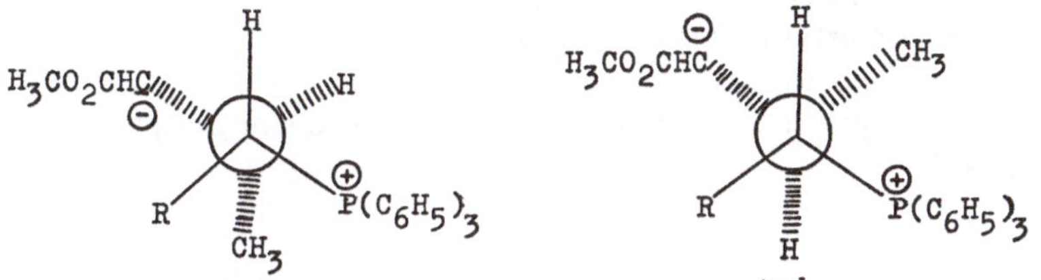

Dabei gibt es wiederum die zu *426b* und *426c* analogen Rotameren. Aus *428b* können Cyclopropanderivate *430* und *431* (cis-Isomere) entstehen und aus *429b* die Verbindungen *432* und *433* (trans-Isomere). Bei Verwendung des Ylids *420* ($R{=}CH_3$) sind *432* und *433* gleich. Die experimentellen Ergebnisse zeigen, daß wiederum eine all-cis-Verbindung *431*

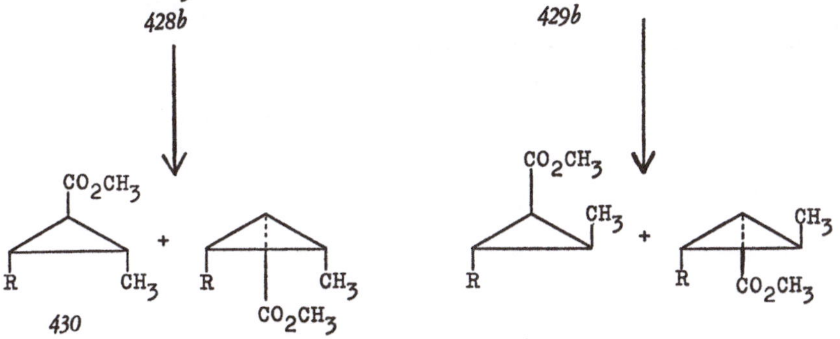

nicht entsteht. Weiter zeigt die Betrachtung der Newmanprojektion und der Dreiding-Modelle, daß das Diastereoisomere *428a* sterisch gegenüber *429a* bevorzugt ist. In den zum Ringschluß führenden Konformationen sollte jedoch *429b* aus sterischen Gründen gegenüber *428b* im Vorteil sein. Bei R=CH₃ ist unseren Versuchen zu entnehmen, daß *428a* ganz offensichtlich ausschlaggebend ist, da das cis-Isomere *430* (R=CH₃=*418*) zu 93% im Gemisch vorliegt. Wird der Rest R größer, z.B. bei Verwendung von *422* (R=C₆H₅), scheinen die sterischen Verhältnisse im Übergangszustand b mehr zum Zuge zu kommen. Das „trans-Produkt" *423* und *424* (zusammen 44%) steigt im Verhältnis zur cis-Verbindlng *425* (56%) jetzt stark an. Weiter zeigen die Versuche, daß wenn R ≠ CH₃ ist, sich die Estergruppe bevorzugt so einstellt, daß im Endprodukt die geringste sterische Hinderung zwischen der Estergruppe und R auftritt (11% *423* und 33% *424*).

c) Synthese von Dibenzonorcaradienderivaten

Alle bisher beschriebenen Reaktionen, in denen ein Ringschluß zum Cyclopropanring stattfand, beruhten auf einer intermolekularen Betainbildung. Die gleiche Reaktion auf intramolekularer Basis sollte Anlaß zu einer „Doppelcyclisierung" geben, wie sie in folgendem Beispiel verifiziert wurde [148]:

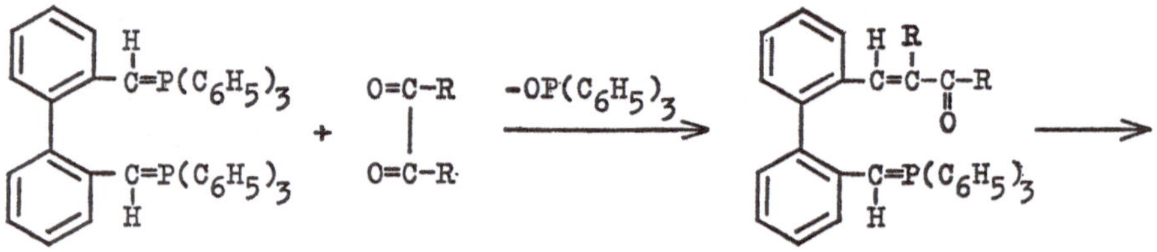

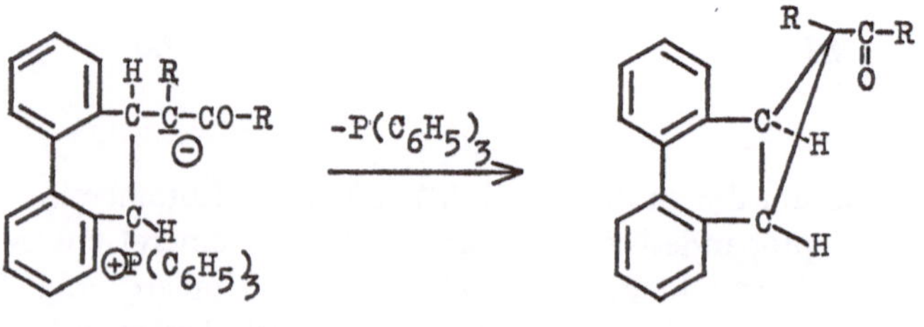

Das Bisylid *434* reagiert mit 1.2-Diketonen *435* primär unter Wittig-Reaktion zur Verbindung *436*. Eine zweite Carbonylolefinierung würde einen 8-gliedrigen Übergangszustand erfordern. Energetisch günstiger ist der nucleophile Angriff der Ylidgruppe in *436* auf die im gleichen Molekül befindliche „elektronenarme" Doppelbindung, wobei ein 6-Ring geschlossen wird. Das so entstandene Betain *437* schließt nun noch unter Eliminierung von Triphenylphosphin den Cyclopropanring. Als Endprodukt der Reaktion zwischen *434* und *435* isoliert man daher neben Triphenylphosphin und dessen Oxid ein Dibenzonorcaradienderivat *438*. Die Reaktion ist stereoselektiv. Es entsteht ausschließlich die Verbindung *438*, die die R—CO-Gruppierung in Exostellung trägt [149].

3. Michael-Addition (Weg b)

a) Synthese von Pyranderivaten

Schon in der ersten Zusammenfassung [1] wurde kurz erwähnt, daß Acylallene *440* Ylide vom Typ *73* unter Michael-Addition anlagern. Die entstehenden Phosphinalkylene *441* spalten spontan Triphenylphosphinoxid unter Bildung der Acetylenderivate *442* ab. Aus der Enolform von *442* erfolgt dann Cyclisierung zum Pyranderivat *443*.

$$
\underset{439}{R^1-\overset{\overset{\textstyle H}{|}}{C}=C=O} + \underset{73}{R-\overset{\overset{\textstyle H}{|}}{C}-\underset{\underset{\textstyle O}{\|}}{C}=P(C_6H_5)_3} \longrightarrow
$$

$$
\underset{440}{R^1-\overset{\overset{\textstyle H}{|}}{C}=C=\overset{\overset{\textstyle H}{|}}{C}-\underset{\underset{\textstyle O}{\|}}{C}-R^2} \overset{73}{\longrightarrow}
$$

$$
\underset{441}{R^1-\overset{\overset{\textstyle H}{|}}{C}=\underset{\underset{\textstyle O=C}{|}\ \ \underset{\textstyle R}{|}}{\overset{}{C}}-CH_2-\underset{\underset{\textstyle O}{\|}}{C}-R^2} \xrightarrow{-OP(C_6H_5)_3} \underset{442}{R^1-\overset{\overset{\textstyle H}{|}}{C}=\underset{\underset{\underset{\textstyle R}{|}}{\underset{\textstyle C}{\|}}}{\overset{}{C}}-CH_2-\underset{\underset{\textstyle O}{\|}}{C}-R^2}
$$

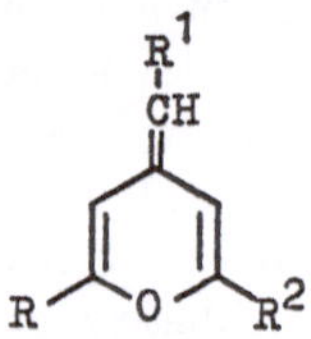

443	*444*	*445*

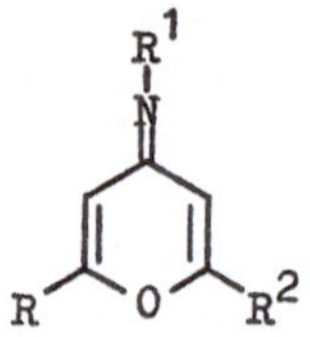

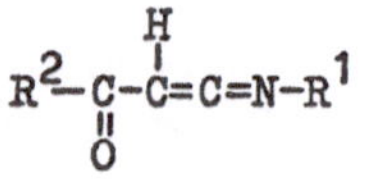

440 entsteht durch Wittig-Reaktion eines Ketens *439* mit *73*. Durch eingehende Untersuchungen wurde nachgewiesen, daß *73* intermediär gebildetes *439*, auch wenn es sich im Gleichgewicht mit anderen Komponenten befindet, unter Bildung von *440* abfangen kann [150]. Durch Michael-Addition von *73* an Acetylketenimine *445* bilden sich in analoger Reaktionsfolge die Pyranderivate *444* [150a, 151].

b) Synthese von N-Aryl-α-imino-alkyliden-triphenyl-phosphoranen

Ketenimine *446* lagern Ylide *34* unter Bildung der stabilen N-Aryl-α-imino-alkyliden-triphenylphosphorane *447* an [152].

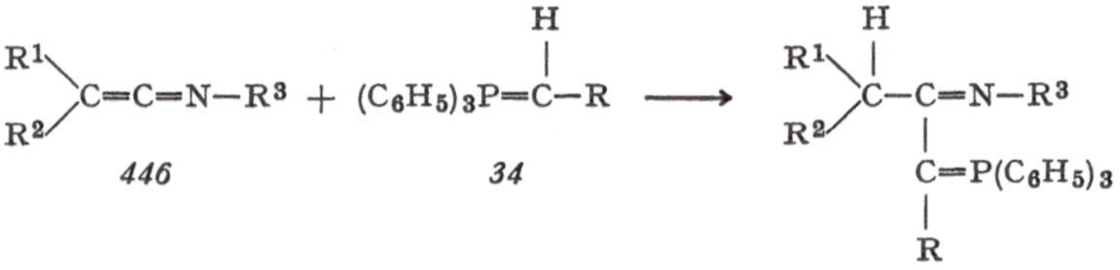

c) Addition an Nitroolefine

Nitroolefine *448* reagieren mit den Yliden *117* unter Michael-Addition. Es entstehen die sehr stabilen, Nitrogruppen enthaltenden Phosphinalkylene *449*, die keine Wittig-Reaktion mehr eingehen [153].

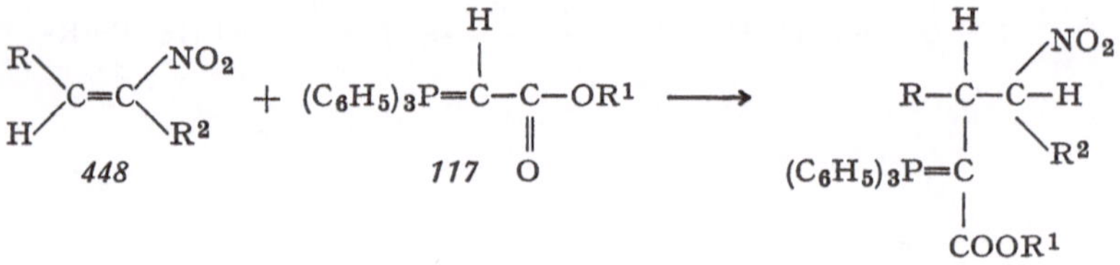

d) Reaktionen von Phosphinalkylenen mit Chinonen

*α) Reaktion mit p-Chinonen. Synthese von p-Hydroxyarylfumar-malein-
und bernsteinsäuren*

Setzt man das Ylid *451* mit p-Chinonen *450* um, so findet zunächst eine
Wittig-Reaktion zum p-Chinonmethid *452* statt. *452* lagert sofort ein
zweites Mol *451* an seine stark aktivierte Doppelbindung an. Das Proton
von *451* wandert an den Sauerstoff. Man isoliert die Phosphinalkylene
453 [154,155,156].

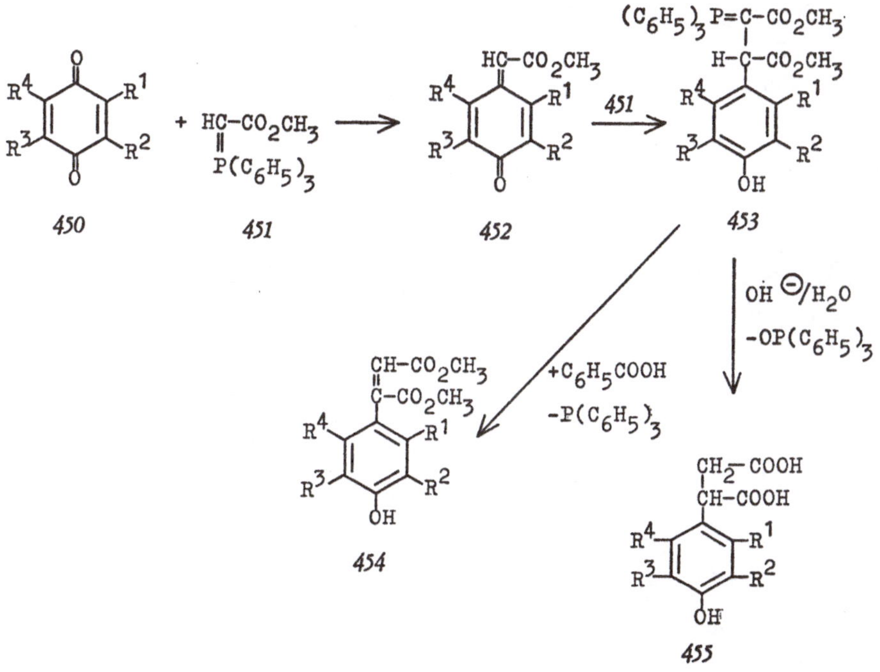

Durch einen mit Benzoesäure katalysierten Hofmann-Abbau [48]
erhält man aus *453* ein Gemisch von p-Hydroxyaryl-maleinsäuren-
bzw. -fumarsäureester *454*. Die alkalische Hydrolyse von *453* liefert
p-Hydroxyaryl-bernsteinsäuren *455*.

β) Reaktionen mit o-Chinonen

Synthese von Cumarin-4-carbonsäureestern. Auch o-Chinone *456* setzen
sich mit dem Ylid *451* primär zu Chinonmethiden *457* um, die spontan
1 Mol Phosphinalkylen *451* anlagern. Die entstehenden Betaine *458*

unterliegen sofort einem Hofmann-Abbau zu o-Hydroxy-fumarsäure-estern *459*, die ihrerseits durch intramolekulare Umesterung in Cumarin-4-carbonsäuremethylester *460* übergehen [154].

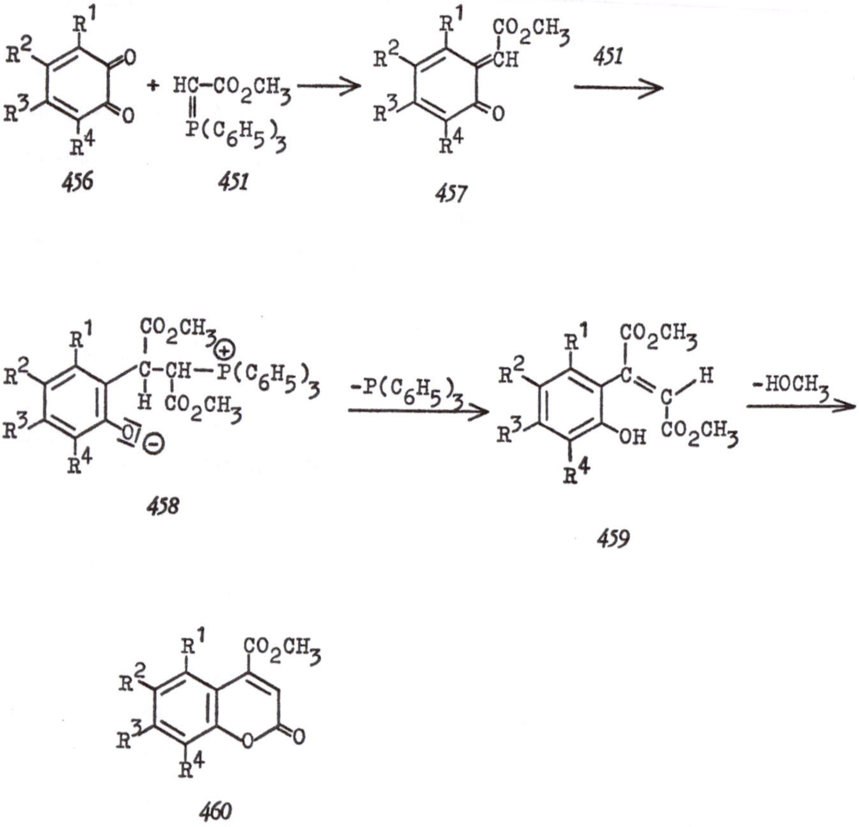

456   *451*   *457*

458

459

460

Synthese von Cumaranderivaten. Analog der Reaktion zwischen *456* und *451* setzen sich o-Chinone *456* mit Benzylidentriphenylphosphoranen *422* um. Das primär gebildete Chinonmethid lagert ein zweites Mol *422* an. Auch hier folgt sofort ein Hofmann-Abbau zu einem Stilbenderivat *461*, das einen Ringschluß zum trans-Diphenyl-cumaranderivat *462* eingeht [154,156].

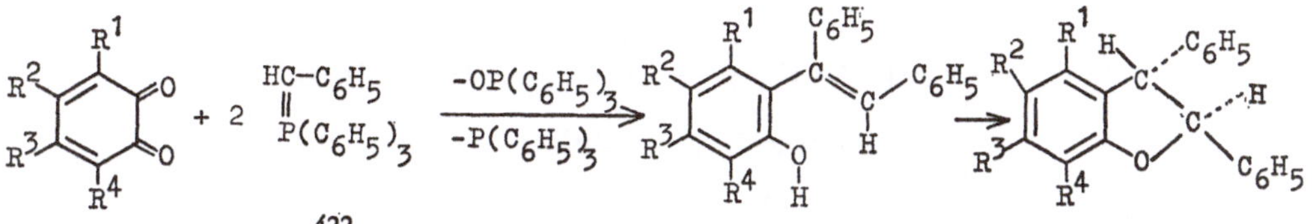

$$456 \qquad 422 \qquad 461 \qquad 462$$

4. Hofman-Abbau. Synthese von Aryl- und Alkylidenbernsteinsäureestern (Weg c)

Fumarsäure- oder Maleinsäureester *463* setzen sich mit Yliden *34* zunächst zum Betain *464* um. Durch den Einfluß der Estergruppe ist das Proton in β-Stellung zum Phosphor besonders aktiviert; es wandert intermolekular zur carbanionischen γ-Stellung, wobei gleichzeitig Triphenylphosphin eliminiert wird. Man erhält in guten Ausbeuten die Aryl- bzw. Alkylidenbernsteinsäureester *465* [143)].

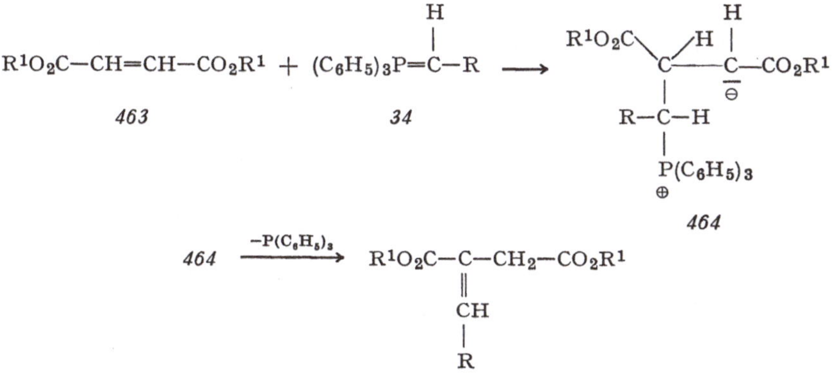

$$463 \qquad 34 \qquad 464$$

$$464 \qquad 465$$

5. Reaktionen, die über einen Phosphacyclobutan-Übergangszustand verlaufen (Weg d)

Setzt man Acrylnitril *466* mit dem Ylid *451* um, so isoliert man nach der Reaktion Acrylsäuremethylester und das Cyanmethylen-triphenylphosphoran *125* [144)].

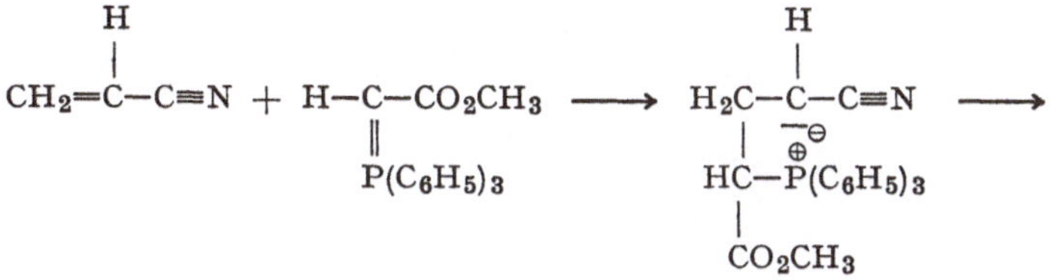

$$466 \qquad 451 \qquad 467$$

99

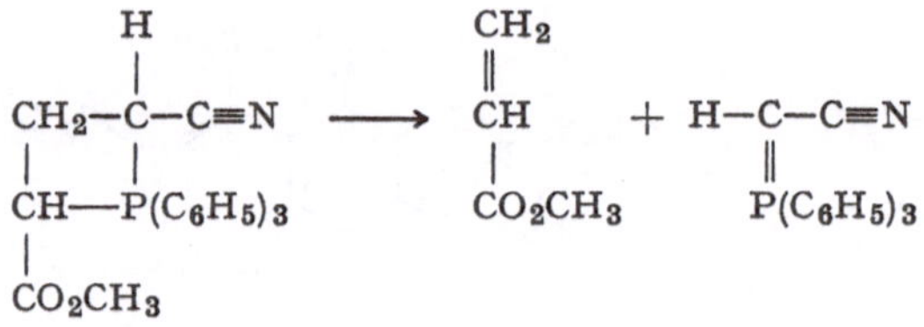

$$
\begin{array}{ccc}
\underset{\underset{\underset{CO_2CH_3}{|}}{\overset{\overset{H}{|}}{CH}-P(C_6H_5)_3}}{CH_2-\overset{|}{C}-C\equiv N} & \longrightarrow & \underset{\overset{|}{CO_2CH_3}}{\overset{\overset{CH_2}{\|}}{CH}} \quad + \quad \underset{P(C_6H_5)_3}{\overset{\|}{H-C-C\equiv N}}
\end{array}
$$

$$468 \qquad\qquad\qquad 469 \qquad\qquad 125$$

Es wird angenommen, daß sich zuerst das Betain *467* bildet, das dann in ein Phosphacyclobutanderivat *468* mit fünfbindigem Phosphor übergeht, welches seinerseits in Acrylester *469* und das Ylid *125* zerfällt.

Ganz analog wird die Reaktion von Yliden *46* mit Kohlensuboxid *470* gedeutet [157].

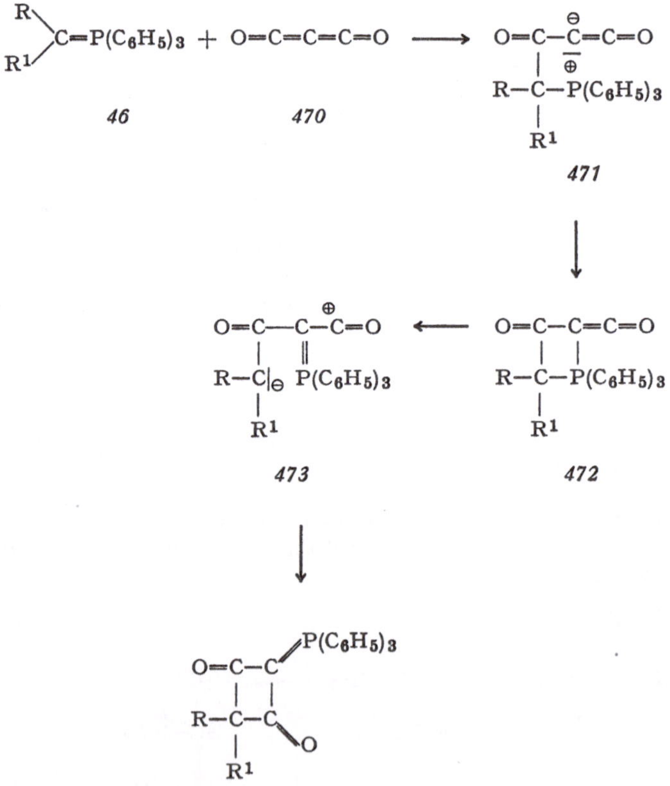

$$
\underset{R^1}{\overset{R}{>}}C=P(C_6H_5)_3 \;+\; O=C=C=C=O \;\longrightarrow\; \underset{\underset{R^1}{|}}{\overset{\overset{\ominus}{O=C-\overset{\oplus}{\underset{|}{C}}=C=O}}{R-C-P(C_6H_5)_3}}
$$

$$46 \qquad\qquad 470 \qquad\qquad\qquad\qquad 471$$

$$
\underset{\underset{R^1}{|}}{\overset{O=C-\overset{\oplus}{C}-C=O}{R-C_{\ominus}\ P(C_6H_5)_3}} \;\longleftarrow\; \underset{\underset{R^1}{|}}{\overset{O=C-C=C=O}{R-C-P(C_6H_5)_3}}
$$

$$473 \qquad\qquad\qquad 472$$

$$
\underset{\underset{R^1}{|}}{\overset{O=C-C\overset{\diagup P(C_6H_5)_3}{}}{R-C-C\diagdown_O}}
$$

$$474$$

Aus *46* und *470* bildet sich das Betain *471*, das in das Phosphacyclobutanonderivat *472* übergeht. Anschließend löst sich eine C—P-Bindung, wobei das neue Betain *473* entsteht, das sich zum Ylid *474* umlagert.

IV. Reaktionen von Phosphinalkylenen mit der C=N-Doppelbindung. Umsetzung von Phosphinalkylenen mit Carbodiimiden

Die Reaktion zwischen Schiffschen Basen und Phosphinalkylenen wurde schon eingehend behandelt [1]. Sie führt zu Olefinen und Phosphiniminen [158]. Kürzlich wurde berichtet, daß sich Diphenylcarbodiimid *475* mit Diphenyl-methylen-triphenylphosphoran *476* ganz analog zum Triphenylketenimin *477* und dem Phenyl-phosphinimin *478* umsetzt [159].

$$(C_6H_5)_3P{=}C\!\!\begin{array}{c} \diagup C_6H_5 \\ \diagdown C_6H_5 \end{array} + C_6H_5{-}N{=}C{=}N{-}C_6H_5 \longrightarrow$$
$$\quad\quad 476 \quad\quad\quad\quad\quad 475$$

$$(C_6H_5)_2C{=}C{=}N{-}C_6H_5 + (C_6H_5)_3P{=}N{-}C_6H_5$$
$$\quad\quad 477 \quad\quad\quad\quad\quad\quad 478$$

Aus *475* und den Yliden *117* bildet sich neben *478* das Ketenimin *479*, das — wie schon oben berichtet — durch Michael-Addition mit einem zweiten Mol *117* in das stabile Phosphinalkylen *480* übergeht [159,152].

$$475 + \begin{array}{c} H \\ \diagdown \\ C{-}CO_2R^1 \\ \| \\ P(C_6H_5)_3 \end{array} \longrightarrow \begin{array}{c} H \\ | \\ H_3CO_2C{-}C{=}C{=}N{-}C_6H_5 \end{array} + 478$$
$$\quad\quad\quad\quad 117 \quad\quad\quad\quad\quad\quad\quad 479$$
$$\Big\downarrow 117$$
$$\begin{array}{c} H_3CO_2C{-}CH_2{-}C{=}N{-}C_6H_5 \\ | \\ C{=}P(C_6H_5)_3 \\ | \\ CO_2R^1 \end{array}$$
$$\quad\quad\quad\quad 480$$

Analog reagiert das Benzyliden-triphenylphosphoran *422*. Das Ylid *90* setzt sich mit *475* unter Protonenwanderung zu *481* um, das mit Wasser zum N,N-Diphenylacetamidin *482* verseift werden kann [159,152].

$$(C_6H_5)_3P{=}CH_2 \;+\; C_6H_5{-}N{=}C{=}N{-}C_6H_5 \longrightarrow$$
$$\qquad\quad 90 \qquad\qquad\qquad\qquad 475$$

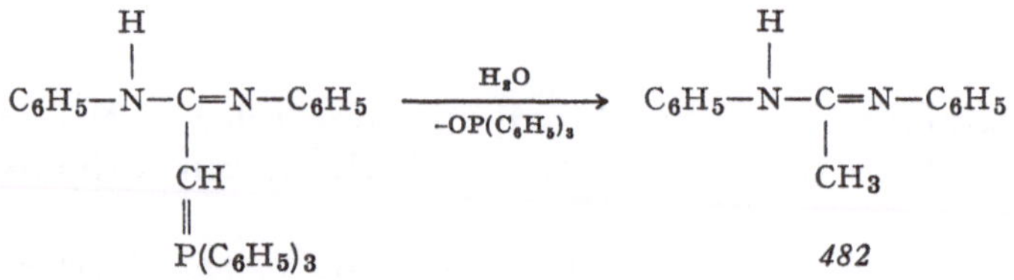

$$
\begin{array}{c}
\text{H}\\
|\\
C_6H_5{-}N{-}C{=}N{-}C_6H_5\\
|\\
\text{CH}\\
\|\\
P(C_6H_5)_3
\end{array}
\quad\xrightarrow[-OP(C_6H_5)_3]{H_2O}\quad
\begin{array}{c}
\text{H}\\
|\\
C_6H_5{-}N{-}C{=}N{-}C_6H_5\\
|\\
\text{CH}_3\\
\\
482
\end{array}
$$

$$481$$

Weitere Beispiele zur Reaktion von Yliden mit der C=N-Doppelbindung folgen in den nächsten Abschnitten.

V. Reaktionen von Phosphinalkylenen mit der N=O-Doppelbindung

1. Synthese von Schiffschen Basen und Olefinen

Aus Nitrosobenzol *483* und Phosphinalkylenen *46* bilden sich Schiffsche Basen *484* und Triphenylphosphinoxid [160,161].

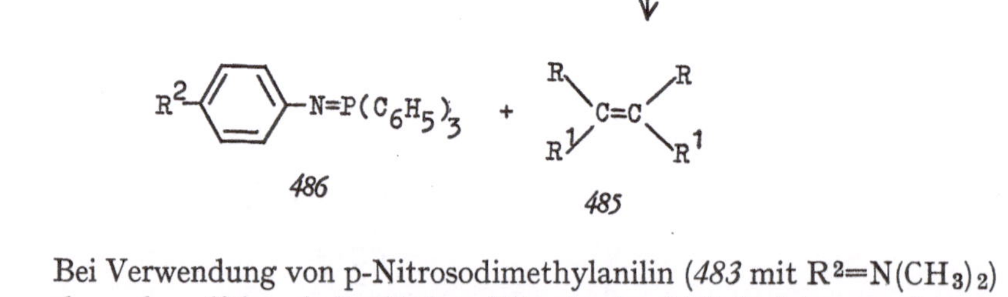

$$483 \qquad\qquad\qquad 46 \qquad\qquad\qquad\qquad 484$$

$$\big\downarrow 46$$

$$486 \qquad\qquad\qquad\qquad 485$$

Bei Verwendung von p-Nitrosodimethylanilin (*483* mit $R^2{=}N(CH_3)_2$) wurden neben *484* auch die Olefine *485* gefunden [104]. Es ist anzunehmen, daß die Schiffschen Basen, wie im vorigen Abschnitt beschrieben, mit einem weiteren Ylid *46* zum Olefin *485* und dem Phosphinimin *486* (mit $R^2{=}N(CH_3)_2$) reagieren. Ausgehend von Axerophtylphosphoniumsalzen [162] gelangt man so zum β-Carotin [104].

2. Synthese von Nitrilen

N-Methyl-N-nitroso-p-toluolsulfonamid *487* reagiert mit Yliden der Struktur *34* glatt zu Nitrilen *490*, wobei folgender Reaktionsablauf diskutiert wird [104].

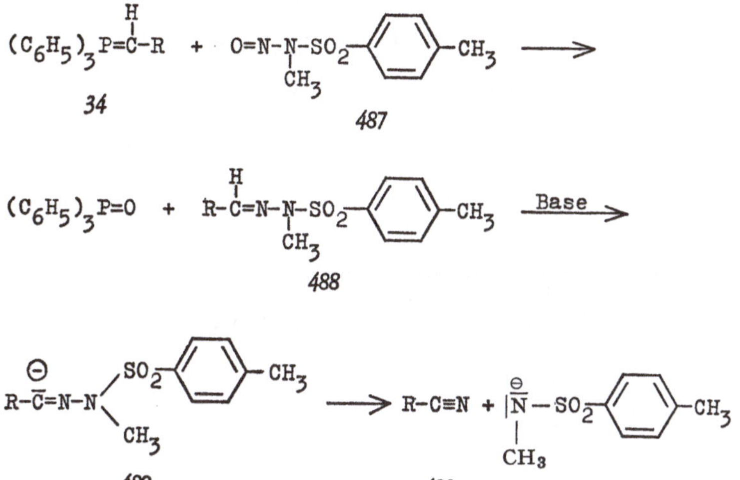

$$(C_6H_5)_3P=\overset{H}{\underset{34}{C}}-R \quad + \quad O=N-\underset{\underset{487}{CH_3}}{N}-SO_2-\!\!\left\langle\!\!\bigcirc\!\!\right\rangle\!\!-CH_3 \longrightarrow$$

$$(C_6H_5)_3P=O \quad + \quad R-\overset{H}{\underset{\underset{488}{CH_3}}{C}}=N-N-SO_2-\!\!\left\langle\!\!\bigcirc\!\!\right\rangle\!\!-CH_3 \xrightarrow{\text{Base}}$$

$$R-\overset{\ominus}{C}=N-N\underset{\underset{489}{CH_3}}{\overset{SO_2-\langle\bigcirc\rangle-CH_3}{\diagup}} \longrightarrow R-C\equiv N \ + \ |\overset{\ominus}{\underset{\underset{491}{CH_3}}{N}}-SO_2-\!\!\left\langle\!\!\bigcirc\!\!\right\rangle\!\!-CH_3$$

$$\underset{490}{}$$

Aus *34* und *487* bildet sich zunächst das Hydrazon *488*, das unter dem Einfluß des Ylids *34* oder durch überschüssige Base in das Carbanion *489* übergeht, das seinerseits das N-Methyl-p-toluolsulfonamid-Anion *491* eliminiert und so zu den Nitrilen *490* führt. Auf diesem Wege gelingt es auch, Polyennitrile *492* darzustellen.

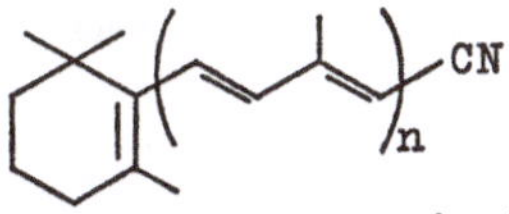

$$n = 1, 2, 3$$

492

VI. Reaktionen von Phosphinalkylenen mit der N=N-Doppelbindung

1. Bildung von Amidinen und Folgeprodukten

Azocarbonsäuredimethylester *493* reagiert mit Acylphosphinalkylenen *73* bzw. Alkoxycarbonylmethylentriphenylphosphoran (*73* mit R=OR[1]) unter Addition zu Yliden *495*, wobei zunächst die Bildung eines Betains

494 angenommen wird, das dann durch Protonenwanderung in *495* übergeht [163].

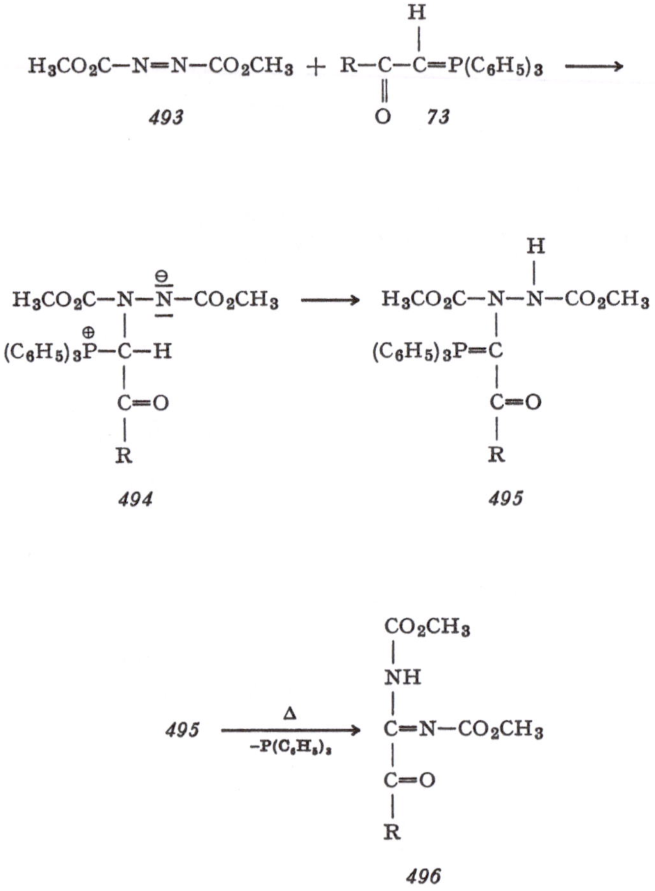

$$H_3CO_2C-N=N-CO_2CH_3 \ + \ R-\overset{\overset{\displaystyle H}{|}}{\underset{\underset{\displaystyle O}{||}}{C}}-C=P(C_6H_5)_3 \longrightarrow$$

493   73

$$
\begin{array}{c}
H_3CO_2C-N-\overset{\ominus}{\underset{|}{N}}-CO_2CH_3 \\
\overset{\oplus}{(C_6H_5)_3P}-\underset{|}{C}-H \\
C=O \\
| \\
R
\end{array}
\qquad \longrightarrow \qquad
\begin{array}{c}
H \\
| \\
H_3CO_2C-N-\underset{|}{N}-CO_2CH_3 \\
(C_6H_5)_3P=\underset{|}{C} \\
C=O \\
| \\
R
\end{array}
$$

494   495

$$
495 \quad \xrightarrow[-P(C_6H_5)_3]{\Delta} \quad
\begin{array}{c}
CO_2CH_3 \\
| \\
NH \\
| \\
C-N-CO_2CH_3 \\
| \\
C=O \\
| \\
R
\end{array}
$$

496

Bei der thermischen Zersetzung von *495* entstehen in mechanistisch
noch wenig geklärter Weise unter Abspaltung von Triphenylphosphin
Amidine *496*. Setzt man das aus Methoxcarbonyl-methylen-triphenyl-
phosphoran *451* (*73* mit R=OCH₃) und *493* erhältliche Amidin *497* erneut
mit *451* um, so isoliert man Methoxycarbonyl-amino-maleinsäure-di-
methylester *498* und das Phosphinimin *499*, deren früher angenommener
Bildungsweg aus *493* und zwei Mol *451* zu revidieren ist [164].

$$
\begin{array}{c}
\text{CO}_2\text{CH}_3 \\
| \\
\text{NH} \\
| \\
\text{C=N--CO}_2\text{CH}_3 \\
| \\
\text{CO}_2\text{CH}_3 \\
\textit{497}
\end{array}
\; + \;
\begin{array}{c}
\text{HC--CO}_2\text{CH}_3 \\
\| \\
\text{P(C}_6\text{H}_5)_3 \\
\textit{451}
\end{array}
\;\longrightarrow\;
\begin{array}{c}
\text{CO}_2\text{CH}_3 \\
| \\
\text{NH} \qquad\;\; \text{H} \\
| \quad\;\; \diagup \\
\text{H}_3\text{CO}_2\text{C--C=C} \\
\qquad\qquad \diagdown\text{CO}_2\text{CH}_3 \\
\textit{498}
\end{array}
$$

$$
\Big\downarrow
\begin{array}{c}
\text{H} \\
| \\
\text{C}_6\text{H}_5\text{-C=P(C}_6\text{H}_5)_3 \\
\textit{422}
\end{array}
\qquad\qquad
\begin{array}{c}
+ \\
(\text{C}_6\text{H}_5)_3\text{P=N--CO}_2\text{CH}_3 \\
\textit{499}
\end{array}
$$

$$
\begin{array}{c}
\qquad\quad\;\; \text{H} \qquad \text{NH--CO}_2\text{CH}_3 \\
\qquad\quad\;\; | \qquad \diagup \\
(\text{C}_6\text{H}_5)_3\overset{\oplus}{\text{P}}\text{-C}\!-\!-\!\text{C}\!-\!\overset{\ominus}{\text{N}}\text{-CO}_2\text{CH}_3 \\
\qquad\quad\;\; | \qquad\;\; | \\
\qquad\quad \text{C}_6\text{H}_5 \;\; \text{CO}_2\text{CH}_3 \\
\textit{500}
\end{array}
\;\longrightarrow\;
\begin{array}{c}
\qquad\qquad\quad \diagup\text{NH--CO}_2\text{CH}_3 \\
\qquad\qquad\; \text{C} \\
(\text{C}_6\text{H}_5)_3\text{P=C}\diagdown\;\; | \;\; \diagdown\text{NH--CO}_2\text{CH}_3 \\
\qquad\qquad | \;\; \text{CO}_2\text{CH}_3 \\
\qquad\qquad \text{C}_6\text{H}_5 \\
\textit{501}
\end{array}
$$

$$
\textit{501} \;\xrightarrow{\;\Delta\;}\;
\begin{array}{c}
(\text{C}_6\text{H}_5)_3\text{P=C}\!-\!-\!\text{C=N--CO}_2\text{CH}_3 \\
| \qquad\; | \\
\text{C}_6\text{H}_5 \;\; \text{CO}_2\text{CH}_3 \\
\textit{502}
\end{array}
\; + \; \text{H}_2\text{N--CO}_2\text{CH}_3 \\
\qquad\qquad\qquad\qquad\qquad\qquad\qquad\qquad \textit{503}
$$

Wird *497* dagegen mit Benzyliden-triphenylphosphoran *422* umgesetzt, so tritt im primär gebildeten Betain *500* Protonenwanderung unter Bildung der Verbindung *501* ein, die nunmehr ein Mol Urethan *503* abspaltet. Man erhält das stabile Ylid *502*. Andere Phosphinalkylene vom Typ *34* reagieren mit *497* unter Bildung mehr oder weniger stabiler Betaine, die *500* analog sind [163].

Amidine *496* mit R=CH$_3$ oder C$_6$H$_5$ neigen bei der Reaktion mit Yliden zur Wittig-Reaktion. Sie lassen sich jedoch mit dem Addukt aus Azocarbonsäuremethylester *493* und Triphenylphosphin, dem die Betainstruktur *504* zukommt [165], umsetzen.

$$H_3CO_2C-N-\overset{\oplus}{P}(C_6H_5)_3 \ + \ \underset{504}{\underset{H_3CO_2C-N|_\ominus}{|}} \quad \underset{496}{\overset{CO_2CH_3}{\overset{|}{\underset{R}{\overset{N}{\underset{|}{\overset{||}{\underset{|}{\overset{C-NHCO_2CH_3}{\underset{|}{C=O}}}}}}}}}} \longrightarrow \underset{505}{\overset{OCH_3}{\overset{O=C}{\underset{(C_6H_5)_3\overset{\oplus}{P}-N}{\underset{H_3CO_2C-N}{\qquad}}}}} \quad \overset{CO_2CH_3}{\underset{|N|_\ominus}{\underset{C-NHCO_2CH_3}{\underset{|}{\underset{C=O}{\underset{|}{R}}}}}} \longrightarrow$$

Reaction scheme 504 + 496 → 505

$$\underset{506}{\overset{\ominus|\overline{O}\diagdown \diagup OCH_3}{\overset{C}{\underset{(C_6H_5)_3\overset{\oplus}{P}-N}{\underset{H_3CO_2C-N}{\qquad \underset{C-NH-CO_2CH_3}{\underset{|}{\underset{C=O}{\underset{|}{R}}}}}}} \diagdown N-CO_2CH_3}} \quad \xrightarrow{-OP(C_6H_5)_3} \quad \underset{507}{\overset{OCH_3}{\overset{|}{\overset{C}{\underset{N\diagup \diagdown N-CO_2CH_3}{\underset{H_3CO_2C-N}{\qquad \underset{C-NHCO_2CH_3}{\underset{|}{\underset{C=O}{\underset{|}{R}}}}}}}}}}$$

504 greift die C=N-Doppelbindung von *496* unter Bildung des Betains *505* an, das in die isolierbare Verbindung *506* übergeht, wobei eine direkte Cycloaddition *504* + *496* → *506* nicht auszuschließen ist. Beim Erwärmen spaltet *506* Triphenylphosphinoxid ab. Man erhält Triazolinderivate *507*.

2. Synthese von Tetrazinderivaten

Basische Phosphinalkylene *34* (mit R = Aryl oder Alkyl) setzen sich mit dem Azodicarbonester *493a* ebenfalls zu Betainen *508* um. Diese zerfallen in ein Azomethinimin *509* und Triphenylphosphin, das von einem Mol *493a* unter Bildung des Betains *504a* aufgenommen wird.

$$\underset{493a}{H_5C_2O_2C-N=N-CO_2C_2H_5} \ + \ \underset{34}{(C_6H_5)_3P=\overset{\overset{H}{|}}{C}-R} \ \longrightarrow \ \underset{508}{\overset{\ominus}{H_5C_2O_2C-N-\underset{(C_6H_5)_3\overset{\oplus}{P}-\underset{|}{\overset{|}{C}}-H}{\overset{\underline{\ominus}}{N}}-CO_2C_2H_5}}$$

$$508 \longrightarrow C_2H_5O_2C-N \overset{\overset{\displaystyle CO_2C_2H_5}{|}}{\underset{\underset{\displaystyle H}{|}}{\underset{\displaystyle R-C^\oplus}{|}}} \overset{N|}{\underset{\ominus}{}} + (C_6H_5)_3P \xrightarrow{493a} 504a$$

509

$$H_5C_2O_2C-N \overset{\overset{\displaystyle CO_2C_2H_5}{|}}{\underset{\underset{\underset{509}{}}{\displaystyle R-C^\oplus}}{}} \overset{N|\ominus}{} \quad + \quad \overset{\overset{\displaystyle OC_2H_5}{|}}{\underset{\underset{\displaystyle \underset{\ominus}{\diagdown N-CO_2C_2H_5}}{}}{\overset{\displaystyle C=O}{\underset{\displaystyle N-\overset{\oplus}{P}(C_6H_5)_3}{|}}}} \longrightarrow$$

509   H   *504a*

$$H_5C_2O_2C-N \underset{H_5C_2O_2C-N}{} \overset{\overset{\displaystyle OC_2H_5}{|}}{\underset{\underset{R}{\diagup}\underset{H}{\diagdown}}{\overset{\overline{O}|}{\underset{\ominus}{C}}}} \overset{\oplus}{\underset{N-CO_2C_2H_5}{N-P(C_6H_5)_3}} \xrightarrow{-OP(C_6H_5)_3} H_5C_2O_2C-N \underset{H_5C_2O_2C-N}{} \overset{\overset{\displaystyle OC_2H_5}{|}}{\underset{\underset{R}{\diagup}\underset{H}{\diagdown}C}{C}} \overset{N}{\underset{N-CO_2C_2H_5}{}}$$

510   *511*

Im Folgenden setzen sich *509* und *504a* durch 1.3-1.3-Cycloaddition zum Betain *510* um, das beim Erwärmen Triphenylphosphinoxid zum Tetrazinderivat *511* abspaltet [163].

VII. Reaktionen von Phosphinalkylenen mit Nitrilen

1. Synthese von Ketonen

Nitrile *490* und Ylide *34* vereinigen sich zu Betainen *512*, die in Gegenwart von LiJ (Darstellung von *34* aus Phosphoniumjodiden und Lithiumorganylen) als die Verbindungen *513* vorliegen sollen. Ihre Hydrolyse (nacheinander Zugabe von Methanol / Wasser und konz. HCl) liefert neben Triphenylphosphinoxid und Ammoniumionen Ketone *514*, wobei die Ausbeuten sinken, wenn man von Phosphoniumbromiden oder Chloriden und lithiumorganischen Verbindungen ausgeht [166].

$$R-C\equiv N + (C_6H_5)_3=\overset{\overset{\displaystyle H}{|}}{C}-R \longrightarrow R-C=\underset{\underline{\ominus}}{N} \xrightarrow{\text{LiJ}}$$

490   34

$$R-C=\overset{\ominus}{\underset{\underline{}}{N}}$$
$$|$$
$$R-\overset{|}{\underset{|}{C}}-H$$
$$|$$
$$\overset{\oplus}{P(C_6H_5)_3}$$

512

$$R-C=N-Li$$
$$|$$
$$R-\overset{|}{\underset{|}{C}}-H \xrightarrow{\text{H}_2\text{O/H}^{\oplus}} R-\overset{\parallel}{\underset{O}{C}}-CH_2-R + OP(C_6H_5)_3 + NH_4^{\oplus}$$
$$J^{\ominus} \overset{\oplus}{P(C_6H_5)_3}$$

513   514

Die Ausbeuten an Ketonen steigen auf 70—99%, wenn man anstelle der Alkyliden-triphenylphosphorane *34* die entsprechende Alkyliden-tributylphosphorane, aus den entsprechenden Phosphoniumjodiden mit Li-organischen Verbindungen hergestellt, einsetzt.

2. Bildung von Phosphiniminen

E. Ciganek [167] konnte zeigen, daß Benzyliden-triphenylphosphoran *422* und Benzonitril *231* unter Bildung des Phosphinimins *517* reagieren. Dabei wird primär die Entstehung des Betains *515* angenommen, das unter Durchlaufen des Azaphosphacyclobuten-Derivates *516* in *517* übergeht.

$$(C_6H_5)_3P=\overset{\overset{\displaystyle H}{|}}{C}-C_6H_5 + C_6H_5-C\equiv N \longrightarrow (C_6H_5)_3\overset{\oplus}{P}-\overset{\overset{\displaystyle H}{|}}{\underset{|}{C}}-C_6H_5 \longrightarrow$$
$$\underset{\ominus}{\underline{|}}N=C-C_6H_5$$

422   231   515

$$(C_6H_5)_3P-\overset{\overset{\displaystyle H}{|}}{\underset{\underset{\displaystyle N=C-C_6H_5}{|\ \ |}}{C}}-C_6H_5 \longrightarrow (C_6H_5)_3P=N-\overset{\overset{\displaystyle H}{\diagdown}\overset{\displaystyle C}{\diagup}\overset{\displaystyle C_6H_5}{}}{\underset{\parallel}{C}}-C_6H_5$$

516   517

Resonanzstabilisierte Ylide vom Typ *73* und *117*, die zwar nicht mit Benzonitril *231* reagieren, bilden mit aktivierten Nitrilen wie Dicyan und Trifluoracetonitril ebenfalls Phosphinimine.

VIII. Reaktionen von Phosphinalkylenen mit Nitriloxiden. Synthesemöglichkeiten für Azirine, Ketenimine und α,β-ungesättigte Oxime

Phosphinalkylene 46 vereinigen sich mit Nitriloxiden 518 unter Cycloaddition zu 4.5-Dihydro-1.2.5 P^V-oxazaphospholen 519, die man unter bestimmten strukturellen Voraussetzungen isolieren kann [168,169].

Bei der thermischen Zersetzung der neuen heterocyclischen Verbindungen 519 bilden sich je nach Einfluß der Reste R, R^1 und R^2 Azirine 523 [168,169], Ketenimine 524 [168,169] oder α,β-ungesättigte Oxime 522 [168].

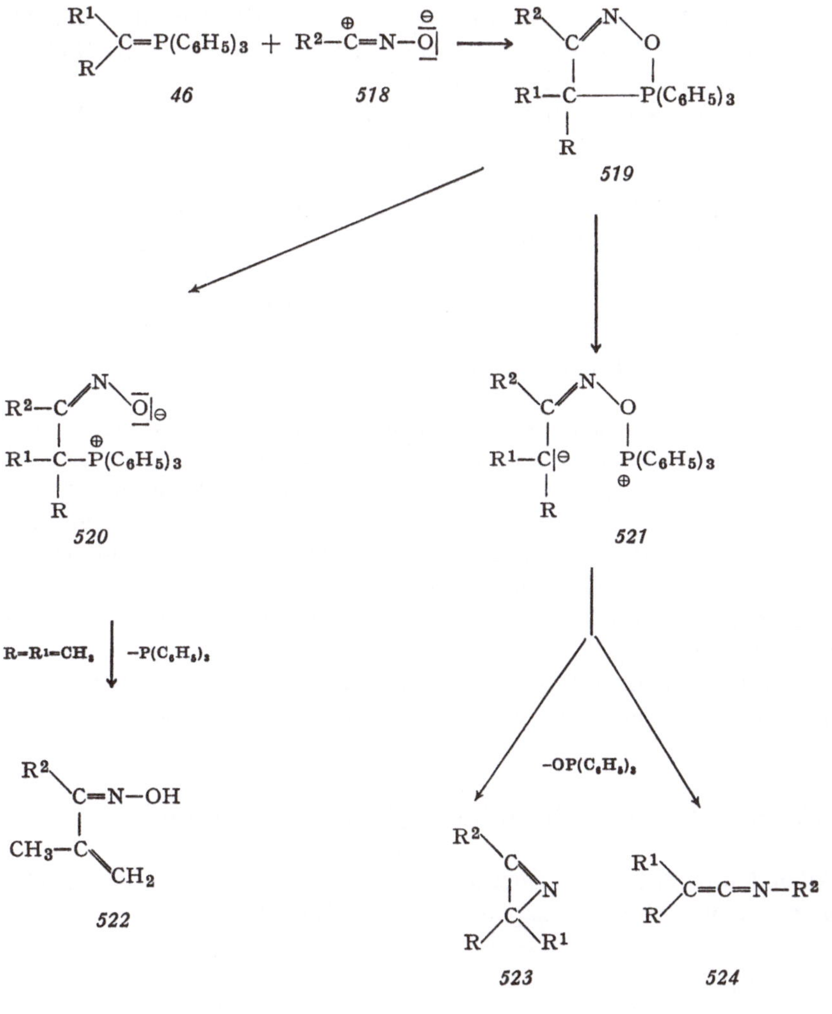

109

Für den Zerfall der Verbindungen *519* in Abhängigkeit der induktiven und mesomeren Effekte der Substituenten R, R^1 und R^2 wurden folgende Regeln gefunden und diskutiert [168]:

1. Für R = Alkyl oder Aryl-Rest wird primär die C—P-Bindung gelöst. Es entsteht das Betain *521*, das nun in Abhängigkeit von R und R^1 weiter zerfällt. Dabei bildet sich unter Abspaltung von Triphenylphosphinoxid entweder ein Ketenimin *524* oder ein Azirin *523*. Sowohl *524* als auch *523* können Sekundärreaktionen eingehen.

a) Ziehen R und R^1 Elektronen an, so bewirken sie eine leichte Heterolyse der C—P-Bindung in *519*, dessen Zerfall daher schon bei Raumtemperatur eintritt. R und R^1 können außerdem das für den Ringschluß zu *523* erforderliche Elektronenpaar in *521* delokalisieren. Als Folge davon verläuft die Umlagerung zu *524* schneller als die Bildung des Azirins *523*. Man isoliert Ketenimine *524*.

b) Sind R und R^1 Substituenten mit +I-Effekt, so sind die heterocyclischen Verbindungen *519* isolierbar. Die C—P-Bindung geht erst bei erhöhter Temperatur auf. Da jedoch die Delokalisierung des freien Elektronenpaares in *521* durch R und R^1 fehlt, erfolgt nunmehr der Ringschluß schneller als die Umlagerung. Man isoliert Azirine *523*. Bei geeigneter Wahl von R^1 und R^2 können *523* und *524* nebeneinander gebildet werden. Ist R^2 ein Rest, der nicht wandern kann (z. B. —CO_2R^3), so entstehen auch dann, wenn R^1 und R^2 einen —I- und —M-Effekt ausüben, die entsprechenden Azirine *523*.

2. Zeigen R^2 einen ausgesprochenen —I und R und R^1 einen +I-Effekt, wobei letzterer die Lösung der C—P-Bindung erschwert, so wird die P—O-Bindung in *519* unter Bildung des Betains *520* gelöst. *520* zerfällt dann in Triphenylphosphin und ein α,β-ungesättigtes Oxim *522*, wobei zwischen den beiden möglichen Mechanismen für die Entstehung von *522* (direkter intramolekularer Hofmann-Abbau oder primäre Bildung eines Nitrosoolefins das sich in *522* umlagert) nicht entschieden werden kann.

Ist R^2 eine Estergruppe $COOR^3$, so lassen sich die Oxime *522* zu α-Aminosäureestern mit Verzweigung in β-Stellung hydrieren [168].

IX. Reaktionen von Phosphinalkylenen mit Nitronen

Alkyliden-triphenylphosphorane *46* und Nitrone *525* gehen eine Cycloaddition zu 1.2.5-P^V-oxazaphospholidinen *526* ein [170].

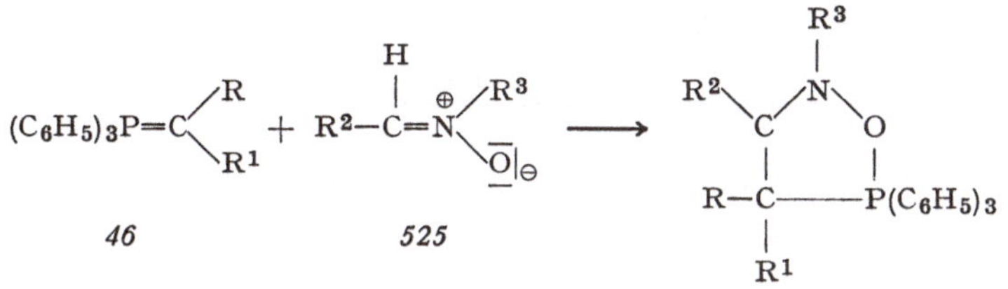

$$(C_6H_5)_3P=C\overset{R}{\underset{R^1}{\diagdown}} + R^2-\overset{H}{\underset{}{C}}=\overset{\oplus}{N}\overset{R^3}{\underset{\overline{O}|_\ominus}{\diagup}} \longrightarrow$$

46   525

$$\begin{array}{c} R^3 \\ | \\ R^2\diagdown \underset{C}{\overset{}{}} \diagup N\diagdown O \\ | \qquad | \\ R-C\text{———}P(C_6H_5)_3 \\ | \\ R^1 \end{array}$$

526

$$26 \xrightarrow[-C_6H_4]{\Delta} \begin{array}{c} R^3 \\ | \\ NH \\ | \\ R^2-CH \quad O \\ | \qquad \| \\ R-C\text{———}P(C_6H_5)_2 \\ | \\ R^1 \end{array}$$

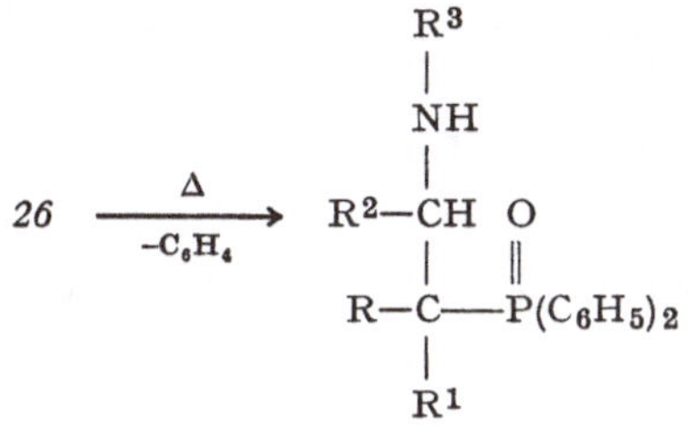

527

Der Mechanismus der Thermolyse der Verbindungen *526*, die unter formaler Abspaltung von Dehydrobenzol zu den Phosphinoxiden *527* führt, ist vollständig ungeklärt.

X. Reaktionen von α-Acyl und α-Alkoxycarbonyl-alkyliden-triphenyl-phosphoranen mit Aziden

1. Synthese von 1.2.3-Triazolderivaten

Acylphosphinalkylene *69* reagieren mit Aziden *528* wie Tosylazid (R^2=p–CH_3–C_6H_4–SO_2) [171], Arylaziden [171] (R^2=C_6H_5), Azido-ameisensäureestern (R^2=C–OR^1) [172] und Acylaziden (R^2=C–R^1) [171,173] unter Cycloaddition [174] zu den Betainen *529*, die durch Abspaltung von Triphenylphosphinoxid in die 1.2.3-Triazolderivate *530* übergehen.

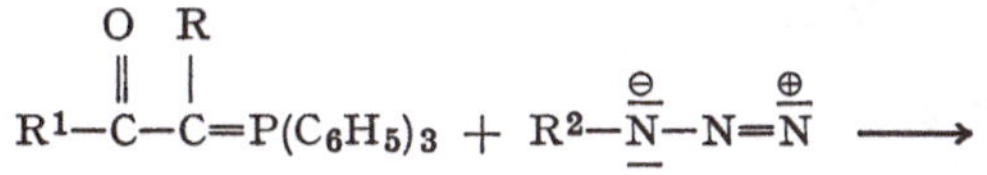

$$\begin{array}{c} O \quad R \\ \| \quad | \\ R^1-C-C=P(C_6H_5)_3 \end{array} + R^2-\overset{\ominus}{\underline{N}}-N=\overset{\oplus}{\underline{N}} \longrightarrow$$

69   528

111

$$R^1-\overset{\overset{\ominus}{|\overset{}{O}|}}{\underset{R^2-N}{C}}\text{———}\overset{\overset{\oplus}{P(C_6H_5)_3}}{\underset{N}{C}}-R \xrightarrow{-OP(C_6H_5)_3} R^1-\overset{}{\underset{R^2-N}{C}}=\overset{}{\underset{N}{C}}-R$$

$$\underset{529}{} \qquad \underset{530}{}$$

$$R^2 = -C_6H_5,\ p-CH_3-C_6H_4-SO_2-,\ -COOR^3,\ -\underset{O}{\overset{\|}{C}}-R^3$$

Alkoxycarbonyl-alkylidentriphenylphosphorane *102* reagieren mit Azido-ameisensäureester [172] und Acylaziden [173] (hier mit Ausnahme von R=CH₃) zu 5-Alkoxy-1.2.3-Triazolderivaten *531*.

$$R-\overset{\overset{O}{\|}}{\underset{\underset{P(C_6H_5)_3}{\|}}{C}}-\overset{}{C}-OR^1 + R^2-N_3 \xrightarrow{-OP(C_6H_5)_3} R-\overset{}{\underset{N}{C}}=\overset{}{\underset{N-R^2}{C}}-OR^1$$

$$\underset{102}{} \qquad \underset{528}{} \qquad\qquad\qquad \underset{531}{}$$

$$R^2 = -\underset{O}{\overset{\|}{C}}-OR^3,\ -\underset{O}{\overset{\|}{C}}-R^3$$

2. Synthese von α-Diazocarbonsäureestern

Die Ylide *102* reagieren in anderer Weise mit Tosylazid *532*. Durch Cycloaddition [174] bildet sich zunächst der Heterocyclus *533*, der dann in das Phosphinimin *534* und einen α-Diazocarbonsäureester *535* zerfällt (Ausbeuten 60—80%) [171].

$$R-\overset{}{\underset{\overset{\|}{P(C_6H_5)_3}}{C}}-COOR^1 + CH_3\!\!-\!\!\langle\ \rangle\!\!-\!\!SO_2-\overset{\ominus}{\overset{}{N}}-N=\overset{\oplus}{\bar{N}} \longrightarrow$$

$$\underset{102}{} \qquad\qquad\qquad \underset{532}{}$$

$$\overset{COOR^1}{\underset{(C_6H_5)_3\ P-N}{\underset{\underset{\langle\ \rangle-CH_3}{SO_2}}{R-C-N}}}\!\!\diagdown\!\!\overset{N}{\underset{N}{}} \longrightarrow (C_6H_5)_3\ P=N-SO_2-\langle\ \rangle-CH_3$$

$$\underset{533}{} \qquad\qquad\qquad\qquad \underset{534}{}$$

$$+\ R-\overset{\ominus}{\underset{\underset{\|}{\overset{\oplus}{N}}}{\bar{C}}}-CO_2R^1$$

$$\underset{535}{}$$

Für R=H gelingt die Reaktion auch mit Azidoameisensäureestern [172]. Analog lassen sich substituierte Säureamide von α-Diazocarbonsäuren gewinnen [171].

3. Bildung von Azidoolefinen

Setzt man das Ylid *536* mit Acetylazid *537* oder nacheinander mit Acetylchlorid und dann mit NaN_3 um, so bildet sich ein Betain *538*, das durch Abspaltung von Triphenylphosphinoxid in die beiden geometrischen Isomeren *539a* und *539b* übergeht [173].

536 *537* *538*

539a *539b*

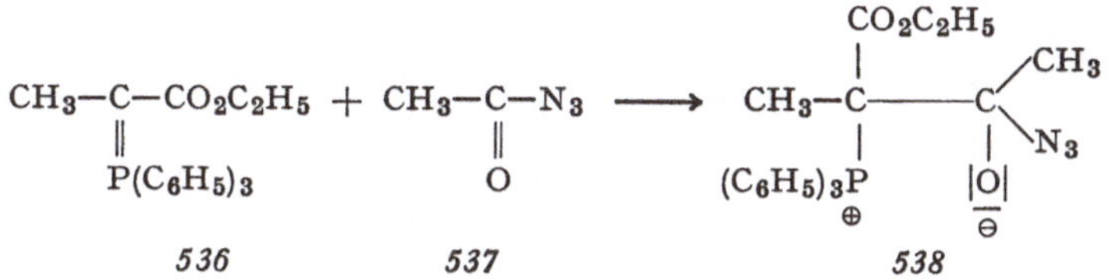

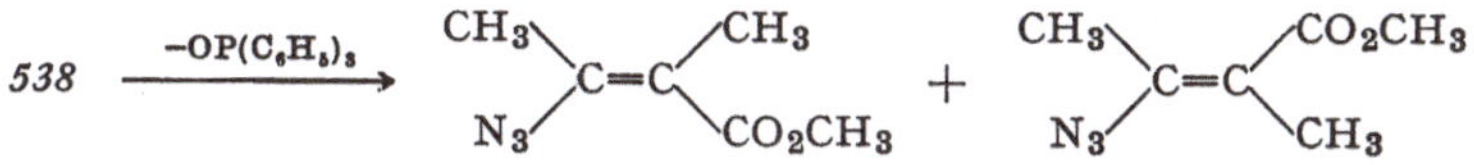

Analog bildet sich aus dem Ylid *540* und *537* das Azido-olefin *541*.

540 *541*

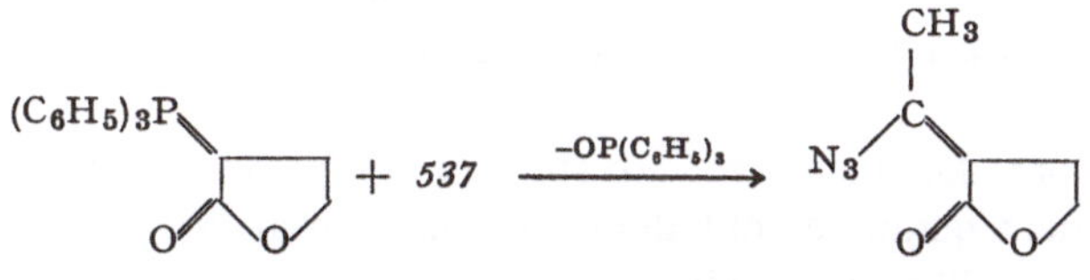

XI. Reaktionen von Phosphinalkylenen mit Nitriliminen. Synthese von Pyrazolderivaten

Nitrilimine *542* lagern Ylide *117* zu Betainen *543* an, die in einer Gleichgewichtsreaktion durch Protonenwanderung in die Phosphinalkylene *544* übergehen [175].

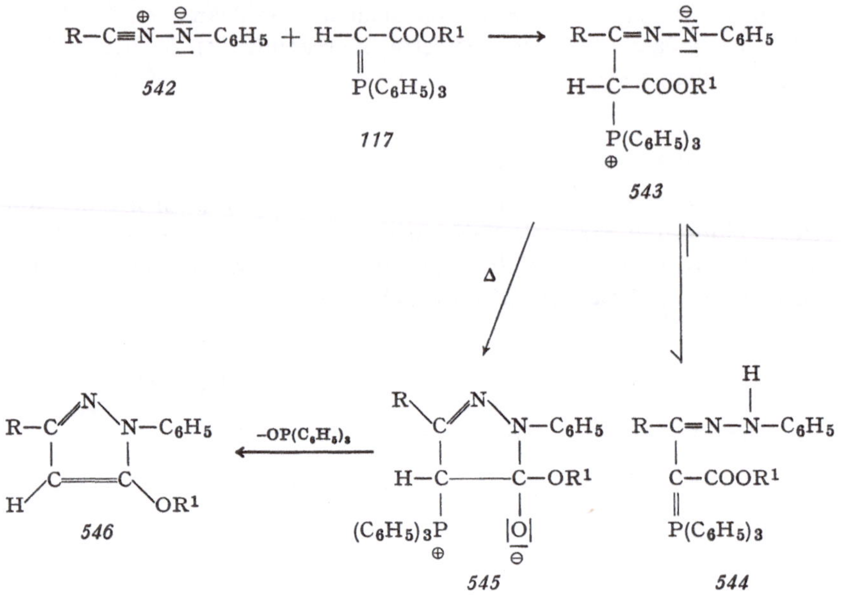

$$R-C\equiv\overset{\oplus}{N}-\overset{\ominus}{N}-C_6H_5 \;+\; \underset{\underset{P(C_6H_5)_3}{\|}}{H-C-COOR^1} \longrightarrow R-C=N-\overset{\ominus}{N}-C_6H_5$$

542	*117*	

$$R-C=N-\overset{\ominus}{N}-C_6H_5$$
$$\underset{\overset{\oplus}{P(C_6H_5)_3}}{H-C-COOR^1}$$

543

Δ

546 $\qquad$ —OP(C$_6$H$_5$)$_3$ $\qquad$ *545* $\qquad$ *544*

R = H$_3$C—CO, C$_6$H$_5$

Das Gleichgewicht liegt weitestgehend auf der Seite von *544*. Beim Erhitzen geht *543* in das Betain *545* über, das Triphenylphosphinoxid verliert und das Pyrazolderivat *546* liefert.

XII. Umsetzung von 3-Methyl-2.4-diphenyl-oxazolium-5-oxid mit Benzyliden-triphenylphosphoran

Das mesoionische Oxazolon *547a* steht im Gleichgewicht mit dem Keten *547b* aus dem heraus es mit dem Ylid *422* durch Wittig-Reaktion zum Allenderivat *548* reagiert [175].

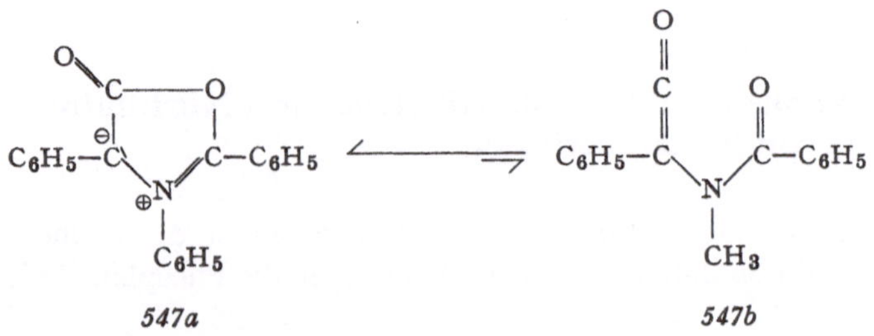

547a $\qquad\qquad$ *547b*

Umsetzung von 3-Methyl-2.4-diphenyl-oxazolium-5-oxid

547b

H
$(C_6H_5)_3P{=}C{-}C_6H_5$
422
$-OP(C_6H_5)_3$
H
C_6H_5
C
C
O
C_6H_5
C
N
C
C_6H_5
CH_3

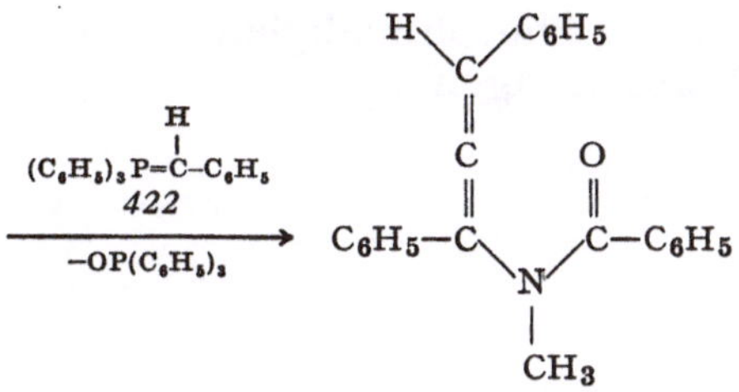

548

I. Reaktionen von Phosphinalkylenen mit leicht zu öffnenden cyclischen Verbindungen

I. Reaktion mit Epoxiden

Die Reaktion resonanzstabilisierter Ylide mit Epoxiden ist diskutiert worden [1,176]. Inzwischen wurde gefunden, daß sich stark basische Phosphinalkylene wie *90*, *550* und *407* mit Epoxiden z. B. Styroloxid *549* zu 2.2.2-Triphenyl-1.2-P^V-oxaphospholidinen *551*, *552*, *553* reagieren [11,175].

Bei der Pyrolyse (220 °C) von *551* bildet sich Propiophenon *554* und aus *552* entsteht bei 200 °C das Hydroxy-olefin *557*. Als Zwischenstufe wird die Bildung des Betains *555* angenommen [175].

Die heterocyclische Verbindung *553* läßt sich unzersetzt destillieren und reagiert mit Methyljodid zum Phosphoniumsalz *556* [11]. Analog reagiert *407* mit Cyclohexenoxid [11].

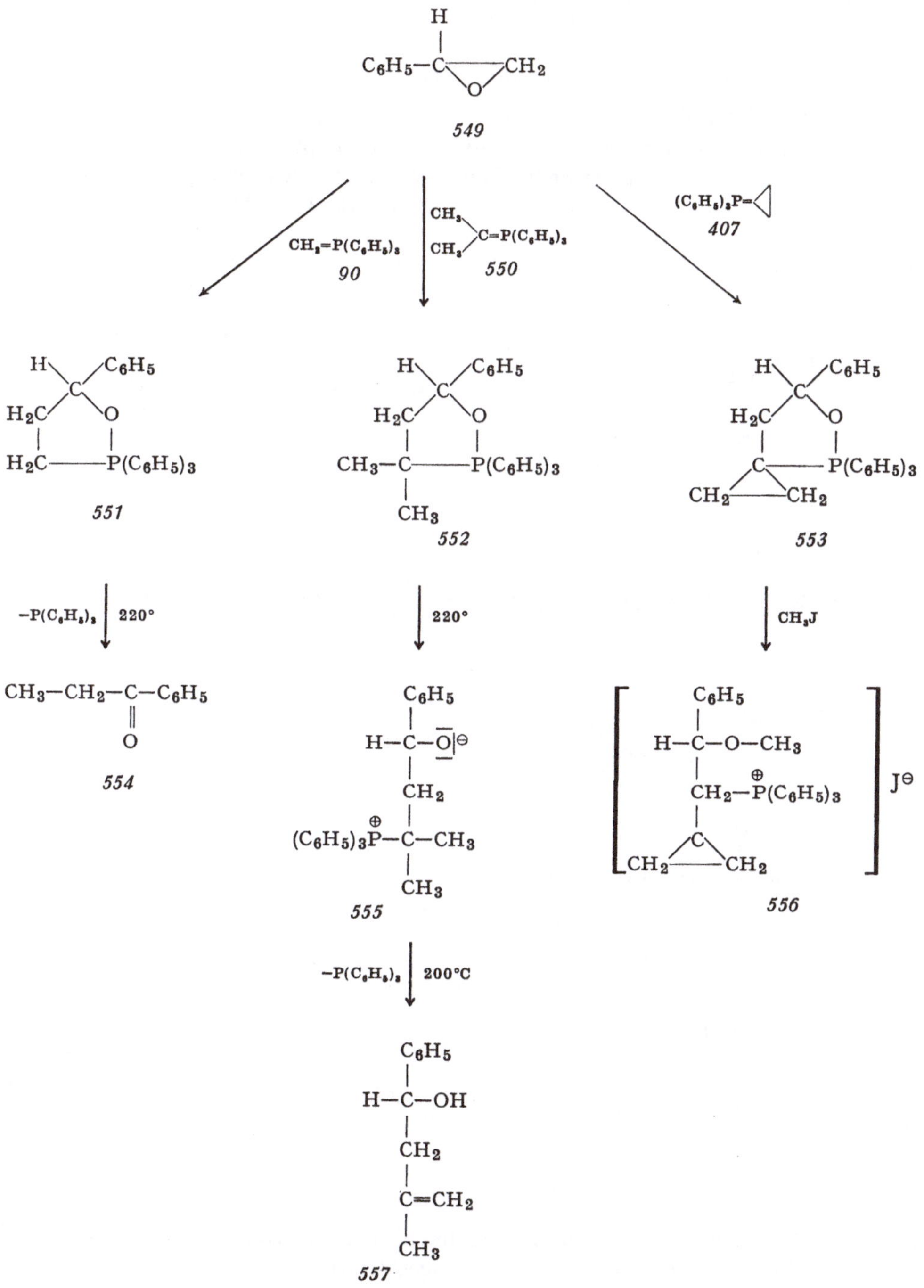

$$C_6H_5-\overset{\overset{\displaystyle H}{|}}{C}\underset{O}{\triangle}CH_2$$

549

CH$_3$=P(C$_6$H$_5$)$_3$
90

$\overset{\displaystyle CH_3}{\underset{\displaystyle CH_3}{}}C=P(C_6H_5)_3$
550

(C$_6$H$_5$)$_3$P=◁
407

$$\overset{\displaystyle H}{H_2C}\overset{\displaystyle C}{\underset{\displaystyle H_2C}{}}\overset{\displaystyle C_6H_5}{\underset{\displaystyle P(C_6H_5)_3}{O}}$$

551

$$H_2C\overset{\displaystyle H}{\underset{\displaystyle CH_3-C}{}}\overset{\displaystyle C_6H_5}{\underset{\displaystyle CH_3}{}}\overset{\displaystyle C}{\underset{\displaystyle P(C_6H_5)_3}{O}}$$

552

$$\overset{\displaystyle H}{H_2C}\overset{\displaystyle C}{\underset{\displaystyle CH_2}{}}\overset{\displaystyle C_6H_5}{\underset{\displaystyle CH_2}{}}\overset{\displaystyle C}{\underset{}{O}}P(C_6H_5)_3$$

553

−P(C$_6$H$_5$)$_3$ | 220°

220°

CH$_3$J

$$CH_3-CH_2-\overset{\overset{\displaystyle }{|}}{\underset{\underset{\displaystyle O}{||}}{C}}-C_6H_5$$

554

$$\begin{array}{c} C_6H_5 \\ | \\ H-C-\overline{O}|^{\ominus} \\ | \\ CH_2 \\ | \\ (C_6H_5)_3\overset{\oplus}{P}-C-CH_3 \\ | \\ CH_3 \end{array}$$

555

$$\left[\begin{array}{c} C_6H_5 \\ | \\ H-C-O-CH_3 \\ \overset{\oplus}{CH_2-P(C_6H_5)_3} \\ \\ CH_2\!\!\triangle\!\!CH_2 \end{array}\right] J^{\ominus}$$

556

−P(C$_6$H$_5$)$_3$ | 200°C

$$\begin{array}{c} C_6H_5 \\ | \\ H-C-OH \\ | \\ CH_2 \\ | \\ C=CH_2 \\ | \\ CH_3 \end{array}$$

557

II. Reaktionen mit Aziridinen

1. Synthese von γ-Aminosäurederivaten

Acyl- und Tosyl-Aziridine *558* (R=p—NO$_2$—C$_6$H$_4$—CO; p—CH$_3$—C$_6$H$_4$—SO$_2$) reagieren mit Äthoxycarbonylmethylen-triphenylphosphoran *252* zu Yliden *560* [177]). Intermediär muß die Bildung des Betains *559* angenommen werden, das durch Protonenwanderung in *560* übergeht.

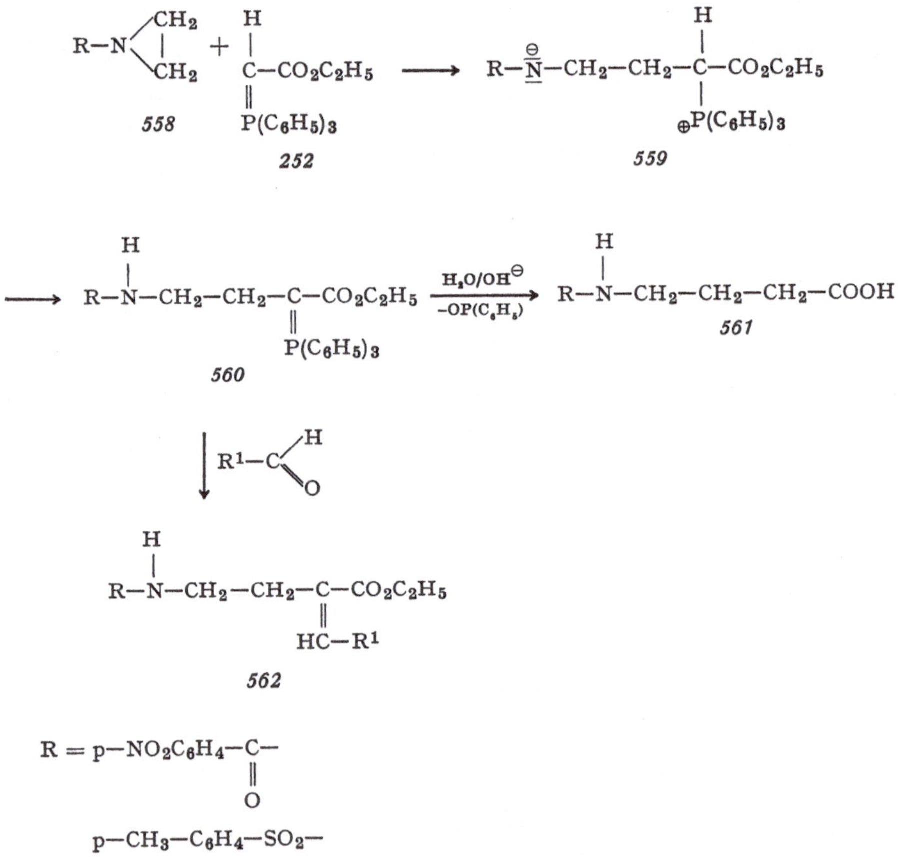

Die Hydrolyse von *560* führt zu den N-substituierten γ-Aminosäuren, *561* die Wittig-Reaktionen zu den ungesättigten Estern *562*.

118

2. Synthese von Pyrrolinderivaten

Das Äthoxycarbonyl-äthyliden-triphenylphosphoran *536* reagiert mit *558* (R=p–NO$_2$–C$_6$H$_4$–CO) zunächst zum Betain *563*, das in *564* übergeht, aus dem unter Abspaltung von Triphenylphosphinoxid das Pyrrolinderivat *565* entsteht [177].

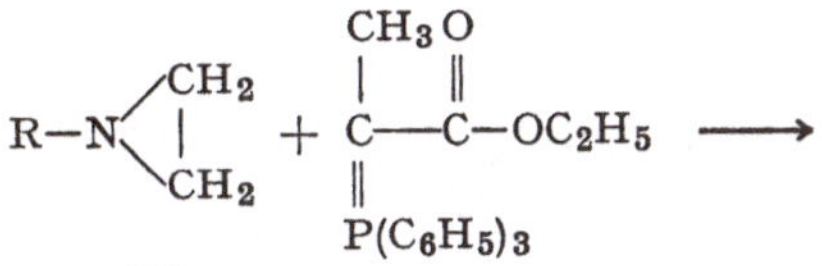

$$R-N \underset{CH_2}{\overset{CH_2}{\Big\langle}} \quad + \quad \underset{\underset{P(C_6H_5)_3}{\|}}{C} \overset{CH_3 \ O}{\underset{\|}{-C-OC_2H_5}} \longrightarrow$$

558

536

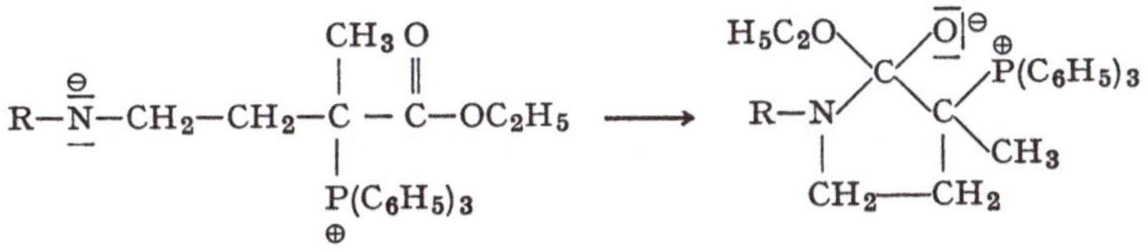

$$R-\overset{\ominus}{\underset{-}{N}}-CH_2-CH_2-\underset{\underset{\oplus}{P(C_6H_5)_3}}{\overset{CH_3 \ O}{C}} - \overset{\|}{C}-OC_2H_5 \longrightarrow$$

563

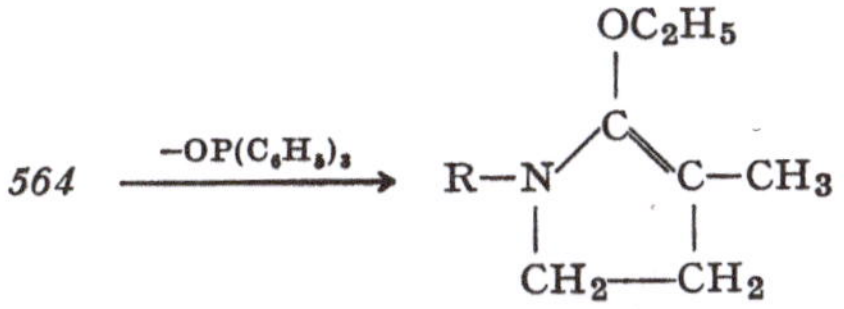

$$R-N \underset{CH_2-CH_2}{\overset{H_5C_2O}{\diagdown} C \diagup \overset{\overline{O}|\ominus}{\underset{\oplus}{}} P(C_6H_5)_3}{\underset{CH_3}{C}}$$

564

$$564 \xrightarrow{-OP(C_6H_5)_3} \quad R-N \underset{CH_2-CH_2}{\overset{OC_2H_5}{\diagdown} C \diagdown C-CH_3}} \qquad R = p-NO_2-C_6H_4-CO-$$

565

III. Reaktion mit Enollactonen. Synthese α,β-ungesättigter cyclischer Ketone

Enollactone der allgemeinen Form *566* reagieren mit Yliden *34* zu den Betainen *567*, die durch Protonenwanderung in die Acylphosphinalkylene *568* übergehen, aus denen durch intramolekulare Wittig-Reaktion α,β-ungesättigte cyclische Ketone *569* entstehen [178].

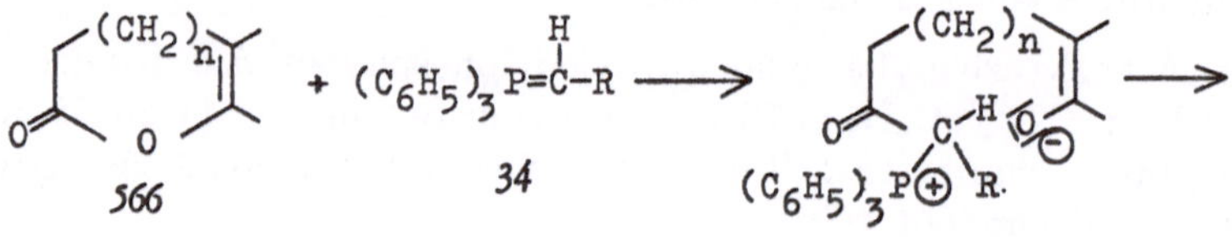

Die Reaktion wurde insbesondere in der Steroidreihe angewendet.

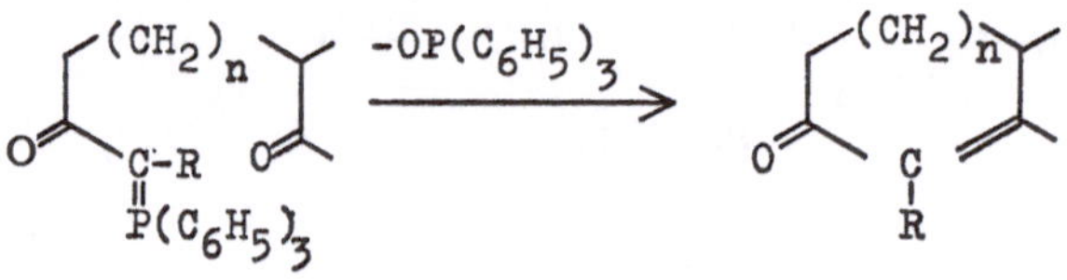

J. Oxydationen von Phosphinalkylenen und β-Ketophosphoniumsalzen

Über die Autoxydation von Phosphinalkylenen, sowie deren Reaktion mit Persäuren wurde schon zusammenfassend berichtet [1]. Im Folgenden seien neuere Ergebnisse der Umsetzung von Yliden mit Sauerstoff und mit anderen Oxydationsmitteln mitgeteilt. Weiter soll auf die Umsetzung von β-Ketophosphoniumsalzen mit Bleitetraacetat und PbO_2 eingegangen werden.

I. Synthese von Cyclo-polyolefinen durch Autoxydation von Bis-phosphinalkylenen

Die Synthese von polycyclischen Verbindungen unter Schließung eines 5-, 6-, 7- und 8-Ringes, die schon in der ersten Zusammenfassung [1] erwähnt wurde, konnte inzwischen vervollkommnet werden [179].

Oxydiert man Bisylide in Dimethylsulfoxid, so erhält man ein Gemisch von Cyclopolyolefinen, von denen die niedriggliedrigen Produkte abgetrennt werden können. An der sauberen Abtrennung der im Folgen-

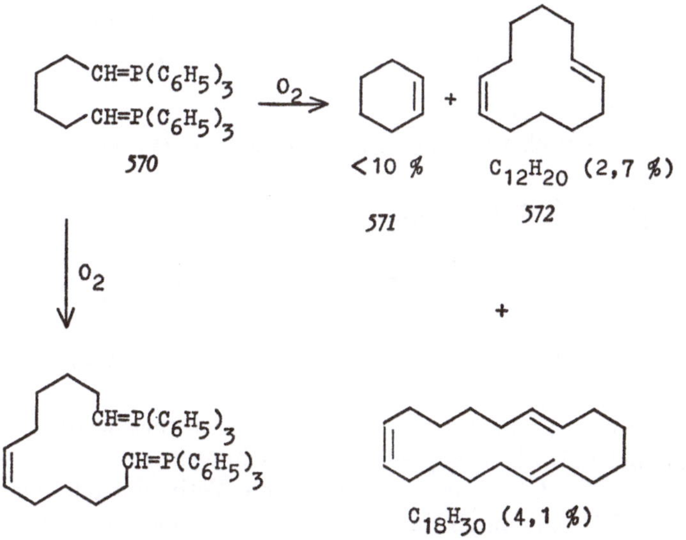

570

571
< 10 %

$C_{12}H_{20}$ (2,7 %)
572

+

574

$C_{18}H_{30}$ (4,1 %)
573

den angeführten makrocyclischen Polyolefine wird zur Zeit gearbeitet [180]. Die unter den Formeln angeführten Prozentangaben beziehen sich auf die reinen isolierten Verbindungen.

Das ausgehend von 1.6-Dibromhexan erhältliche Bisylid *570* gibt bei der Autoxydation in Dimethylsulfoxid die Verbindungen *571*, *572* und *573*. Außerdem wurden die Ringe $C_{24}H_{40}$, $C_{30}H_{50}$ und $C_{36}H_{60}$ nachgewiesen.

Es ist anzunehmen, daß bei der Autoxydation von *570* neben Cyclohexen *571* zunächst nach bekannter Weise durch „Dimerisierung" [181] das olefinische Bisylid *574* entsteht, das durch weitere Sauerstoffeinwirkung in *572* übergeht, oder zu weiteren meist cis-verknüpften, offenkettigen, polyolefinischen Bisyliden reagiert, die jeweils den Ring unter Ausbildung einer Doppelbindung schließen können. Eine Auswahl weiterer Beispiele zeigen die folgenden Formeln:

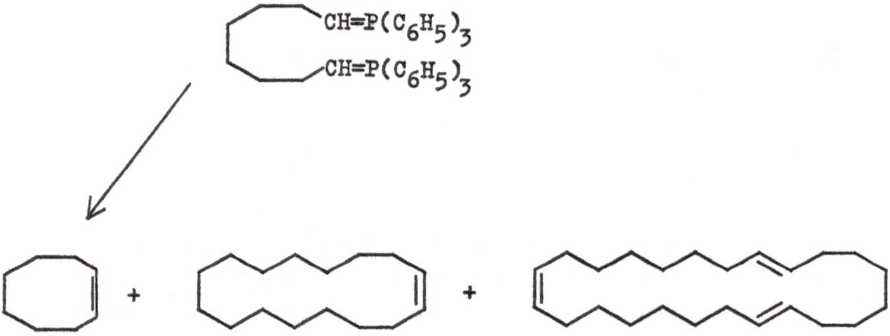

$$CH=P(C_6H_5)_3$$
$$CH=P(C_6H_5)_3$$

2,3 % + $C_{16}H_{28}$ + $C_{24}H_{42}$

(14 %) (5,5 %)

sowie ein Gemisch von $C_{32}H_{56}$, $C_{40}H_{70}$, $C_{48}H_{84}$ (zusammen 11,3%).

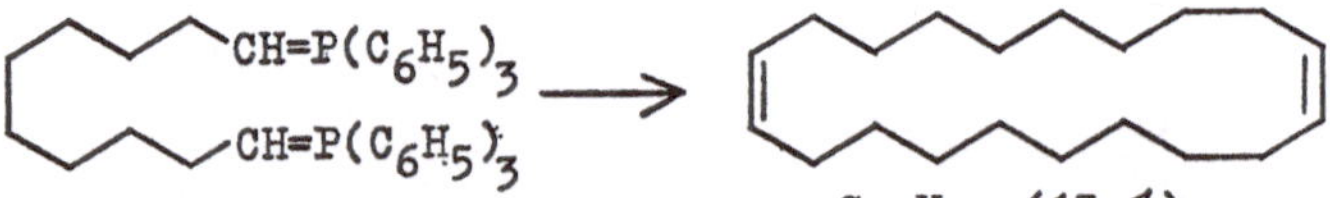

$$CH=P(C_6H_5)_3$$
$$CH=P(C_6H_5)_3 \longrightarrow$$

$C_{20}H_{36}$ (13 %)

Sowie ein Gemisch von $C_{30}H_{54}$, $C_{40}H_{72}$, $C_{50}H_{90}$ und $C_{60}H_{108}$ (zusammen 17%).

Die reinen Verbindungen wurden durch chemische Reaktionen und durch molekülspektroskopische Untersuchungen in ihrer Struktur gesichert. In den Mischungen geben sich die Verbindungen vor und nach einer Hydrierung durch das Feldionen-Massenspektrum einwandfrei zu erkennen.

II. Synthese von 1.2-Dicarbonylverbindungen durch Oxydation von β-Carbonylyliden mit verschiedenen Oxydationsmitteln

1. Synthese von α-Ketocarbonsäureestern und α-Ketothiocarbonsäure-S-phenylester

Die Ylide *113*, deren Herstellung aus Methoxymethylentriphenylphosphoran *112* und Säurechloriden *105* im Abschnitt E.II.7b behandelt wurde, lassen sich mit Bleitetraacetat oder Bleidioxid zu den α-Ketocarbonsäure-methylestern *575* oxydieren [182].

$$R^1-\underset{\substack{\parallel \\ O}}{C}-\underset{\substack{\parallel \\ P(C_6H_5)_3}}{C}-OCH_3 \xrightarrow[\substack{oder \\ PbO_2}]{Pb(OCOCH_3)_4} R^1-\underset{\substack{\parallel \\ O}}{C}-\underset{\substack{\parallel \\ O}}{C}-OCH_3 + OP(C_6H_5)_3$$

113   *575*

Analog ergibt die Oxydation des aus zwei Mol Phenylmercapto-methylen-triphenylphosphorans *576* mit einem Mol Säurechlorid *105* entstehenden Ylids *577* mit Bleitetraacetat den α-Ketothiocarbonsäure-S-phenylester *578*. Zur Diskussion des Mechanismus der Oxydation vergleiche man l.c. *182*.

$$2\ \underset{\substack{\parallel \\ P(C_6H_5)_3}}{\overset{\overset{\textstyle H}{|}}{C}}-S-C_6H_5 + R^1-\underset{\substack{\parallel \\ O}}{C}-Cl \longrightarrow R-\underset{\substack{\parallel \\ O}}{C}-\underset{\substack{\parallel \\ P(C_6H_5)_3}}{C}-SC_6H_5 + \left[\underset{\substack{| \\ \underset{\oplus}{P(C_6H_5)_3}}}{CH_2}-S-C_6H_5\right]Cl^\ominus$$

576   *105*   *577*

$$\downarrow Pb(OAc)_4$$

$$R-\underset{\substack{\parallel \\ O}}{C}-\underset{\substack{\parallel \\ O}}{C}-SC_6H_5 + OP(C_6H_5)_3$$

578

Oxydiert man Alkoxycarbonyl-alkyliden-triphenylphosphorane *102* mit $KMnO_4$ [183] oder $NaJO_4$ [184], so erhält man ebenfalls α-Ketocarbonsäureester *575a*.

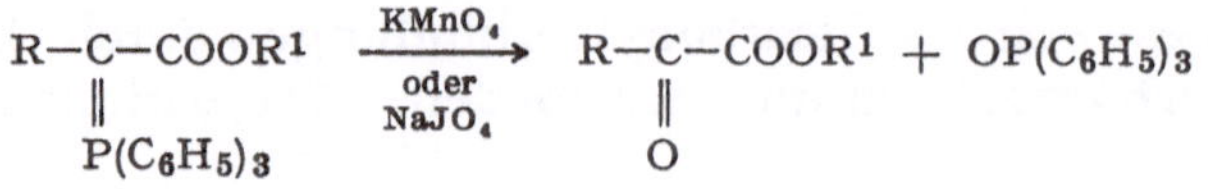

$$R-\underset{\underset{P(C_6H_5)_3}{\|}}{C}-COOR^1 \xrightarrow[\substack{oder \\ NaJO_4}]{KMnO_4} R-\underset{\underset{O}{\|}}{C}-COOR^1 + OP(C_6H_5)_3$$

$$102 \qquad\qquad\qquad\qquad 575a$$

2. Synthese von α,β-Diketonen

Die aus Säurechloriden *105* und Yliden *34* in beliebiger Variation aufzu-
bauenden Acylalkyliden-triphenylphosphorane *69* [1,51)] lassen sich mit
$KMnO_4$ [183)] oder $NaJO_4$ [184)] zu α,β-Diketonen *579* oxydieren:

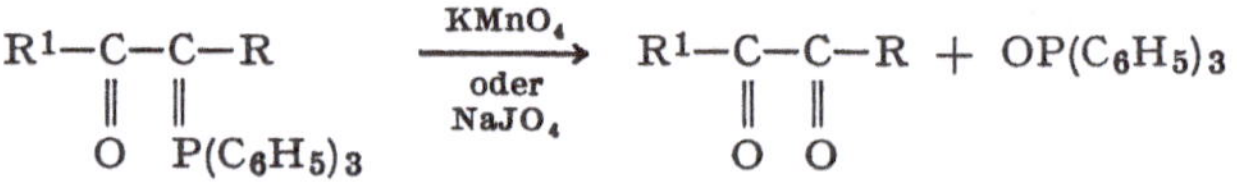

$$R^1-\underset{\underset{O}{\|}}{C}-\underset{\underset{P(C_6H_5)_3}{\|}}{C}-R \xrightarrow[\substack{oder \\ NaJO_4}]{KMnO_4} R^1-\underset{\underset{O}{\|}}{C}-\underset{\underset{O}{\|}}{C}-R + OP(C_6H_5)_3$$

$$69 \qquad\qquad\qquad\qquad 579$$

Die Ausbeuten an *579* bei der Oxydation mit $NaJO_4$ liegen höher als
bei der mit $KMnO_4$.

III. Synthese von Olefinen durch Oxydation mit JO_4^-

Gibt man die wässrige Lösung eines aus primären Alkylhalogeniden er-
hältlichen Phosphoniumsalzes *82* (X⁻ anstelle von Cl⁻) zu einer wäßrigen
Lösung von $NaJO_4$, so fallen in ausgezeichneten Ausbeuten die schwer-
löslichen Phosphoniumperjodate *580* aus. Beim Behandeln dieser Salze
mit Basen (z.B. Natriumalkoholat, Natriumamid oder Li-organischen
Verbindungen) bilden sich Olefine *586*, Jodat *587* und Triphenylphosphinoxid [184)].

$$2\,[R-CH_2-\overset{\oplus}{P}(C_6H_5)_3]\,X^\ominus + 2\,NaJO_4 \longrightarrow 2\,[R-CH_2-\overset{\oplus}{P}(C_6H_5)_3]\,JO_4^\ominus$$

$$82 \qquad\qquad\qquad\qquad\qquad\qquad 580$$

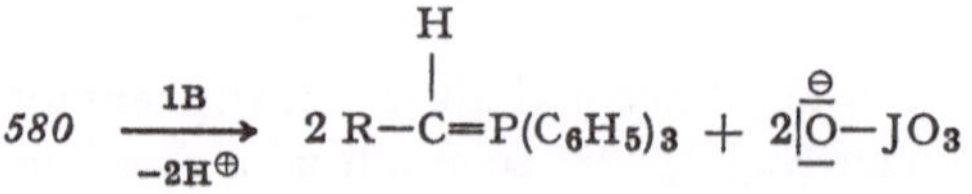

$$580 \xrightarrow[-2H^\oplus]{1B} 2\,R-\overset{\overset{H}{|}}{C}=P(C_6H_5)_3 + 2\,\overset{\ominus}{\underline{O}}-JO_3$$

$$34 \qquad\qquad 581$$

$$34 + 581 \longrightarrow$$

$$
\begin{array}{c}
\overset{\displaystyle H}{\underset{\displaystyle \ominus}{|}} \\
R-C-P(C_6H_5)_3
\end{array}
\qquad \longrightarrow \qquad
\begin{array}{c}
\overset{\displaystyle H}{|} \\
R-C-\!\!\!-\!\!\!-P(C_6H_5)_3
\end{array}
$$

582   *583*

$$
583 \longrightarrow \quad
\begin{array}{c}
\overset{\displaystyle H}{|} \\
R-C=O
\end{array}
\; + \; |\overset{\ominus}{\underset{\_}{O}}-J=O \; + \; OP(C_6H_5)_3
$$

584   *585*

$$-OP(C_6H_5)_3 \Big\downarrow 34 \qquad\qquad \Big\downarrow 581$$

$$R-CH=CH-R \qquad\qquad 2\,JO_3^{\ominus}$$

586   *587*

Der Reaktionsablauf wird wie folgt interpretiert: Aus *580* und der Base bildet sich das Ylid *34* und das Perjodatanion *581*. Letzteres greift *34* unter Bildung der Zwischenstufe *582* mit fünfbindigem Phosphor an, die zum 5-gliedrigen Übergangszustand *583* führt, der nun in Triphenylphosphinoxid, den Aldehyd *584* und das Ion der Unterjodsäure *585* zerfällt.

584 reagiert mit noch nicht oxydiertem Ylid *34* zum Olefin *586*, während *585* von einem unverbrauchten Mol *581* unter Bildung von zwei Mol Jodat *587* oxydiert wird.

In Übereinstimmung mit dieser Vorstellung lassen sich insbesondere resonanzstabilisierte Ylide auf diesem Wege in Olefine überführen (vgl. Tabelle 5).

Tabelle 5. *Olefine 586 durch Umsetzung von Phosphoniumperjodaten 580 mit Basen*

R in eingesetztem Perjodat *580*	Verwendete Base	Isoliertes Olefin *586*	Ausbeute an *586* in % d. Th.
CH_3CO	$NaOC_2H_5$	1.2-Diacetyläthylen	79
C_6H_5CO	$NaOC_2H_5$	1.2-Dibenzoyläthylen	70
H_3CO_2C	$NaOC_2H_5$	Fumarsäurediäthylester	83
C_6H_5	$NaOC_2H_5$	Stilben	81
$(C_6H_5)_2C=CH$	$NaOC_2H_5$	1.1.6.6-Tetraphenyl-hexatrien	83
$C_6H_5-CH_2-CH_2$	$NaNH_2$	1.6-Diphenyl-hexen-3	33
C_3H_7	$NaNH_2$	Octen-4	13

Aus Axerophtyl-phosphoniumperjodat entsteht mit Natriumalkoholat in 33%iger Ausbeute β-Carotin [185].

Die Perjodat-Oxydation ergänzt also ideal die Autoxydation, da man mit ihre insbesondere solche Ylide *34* in Olefine *586* überführen kann, die mit Sauerstoff nur unter forcierten Bedingungen oder gar nicht reagieren. Der präparative Aufwand dieser Methode ist außerdem wesentlich geringer als bei der Autoxydation.

IV. Synthese polycyclischer Verbindungen durch Oxydation von Bisyliden mit JO$_4^-$

Bei der Umsetzung von Bisphosphoniumperjodaten *588* mit Basen tritt Cyclisierung unter Ausbildung einer Doppelbindung am Ort des Ringschlusses zu *589* ein [184].

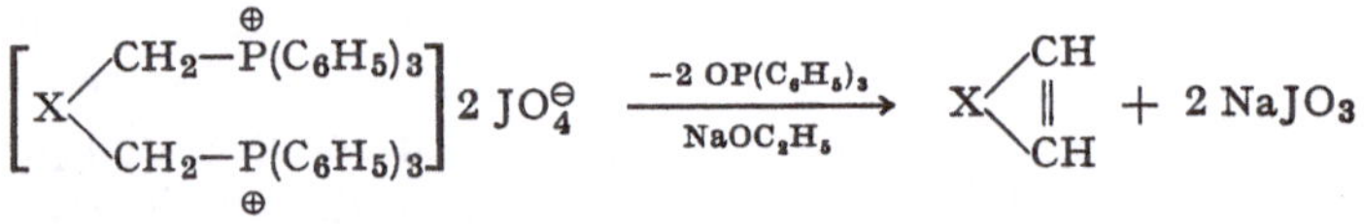

588   *589*

Nach den Erläuterungen in vorigem Abschnitt ist es für das Gelingen der Reaktion in hohen Ausbeuten erforderlich, daß eine der CH$_2$-Gruppen in *588* an einem aromatischen Rest sitzt. Als Folge davon eignet sich das Verfahren insbesondere zur Darstellung polycyclischer Verbindungen. Auch hier sind die Ausbeuten besser und der Aufwand ist geringer als bei der Autoxydation. Folgende Ringsysteme wurden auf diese Weise hergestellt (Ausbeuten 70—85%).

Ringschluß unter Ausbildung eines 5-Ringes:

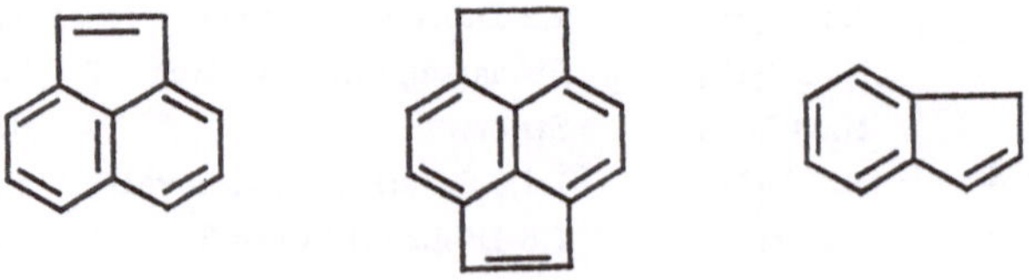

Ringschluß unter Ausbildung eines 6-Ringes:

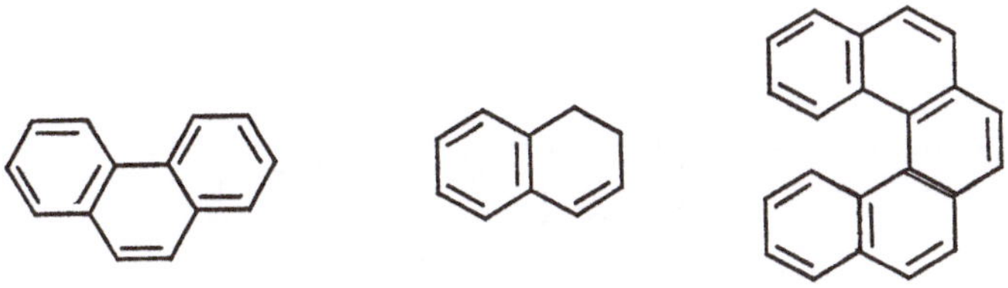

Ringschluß unter Ausbildung eines 7-Ringes:

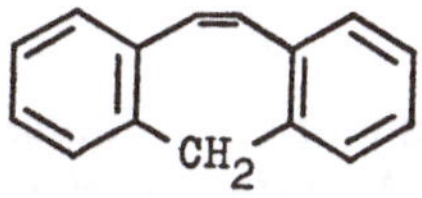

V. Oxydation von β-Carbonyl-phosphoniumsalzen mit Bleitetraacetat

1. Synthese α-substituierter Acylmethylen-triphenylphosphorane

Läßt man auf β-Carbonyl-phosphoniumsalze der Struktur *590* Blei-tetraacetat *591* einwirken, so erhält man Acylmethylenphosphorane *592*, die durch das ursprüngliche Anion X (Halogen, SCN, SeCN) substituiert sind [186], neben Essigsäure *593* und Bleidiacetat *594*.

$$\left[\begin{matrix} \overset{\oplus}{R-C-CH_2-P(C_6H_5)_3} \\ \| \\ O \end{matrix} \right] X^{\ominus} + Pb(OCOCH_3)_4 \longrightarrow$$

590   *591*

$$R-C-C=P(C_6H_5)_3 + 2\,CH_3COOH + Pb(OCOCH_3)_2$$
$$\|\ \ \|$$
$$O\ \ X$$

592   *593*   *594*

X = Cl, Br, SCN, SeCN

Folgender Reaktionsablauf wird vorgeschlagen:

$$591 \rightleftharpoons \overset{\oplus}{Pb(OCOCH_3)_3} + \overset{\ominus}{|O}-COCH_3$$

595   *596*

$$590 + 596 \longrightarrow R-C-\overset{\overset{H}{|}}{C}=P(C_6H_5)_3 + 593 + X^{\ominus}$$
$$\|$$
$$O$$

73

$$595 + X^{\ominus} \; \rightleftharpoons \; Pb(OCOCH_3)_3X$$
$$597$$

$$597 + 73 \; \longrightarrow \; \left[R-\underset{\underset{O}{\|}}{C}-\underset{X}{\overset{|}{CH}}-\overset{\oplus}{P}(C_6H_5)_3 \right] \overset{\ominus}{|O}-\underset{\underset{O}{\|}}{C}-CH_3 + 594$$
$$598$$

$$598 \; \xrightarrow{-593} \; 592$$

Bleitetraacetat *591* kann unter Bildung des Kations *595* in einer Gleichgewichtsreaktion ein Acetatanion *596* abspalten, das als Base das Phosphoniumsalz *590* in das korrespondierende Ylid *73* unter Bildung von Essigsäure *593* überführt. Das übrigbleibende Anion X⁻ vereinigt sich mit *595* zu *597*, das mit dem Ylid *73* zum Phosphoniumacetat *598* und Bleidiacetat *594* reagiert. *598* spaltet dann Essigsäure *593* unter Bildung des durch X substituierten Ylides *592* ab.

2. Synthese von α-Chlorcarbonylverbindungen

β-Carbonylphosphoniumchloride der Struktur *599* werden von Bleitetraacetat *591* in α-Chlorketone *601*, Triphenylphosphinoxid, Bleidiacetat *594* und Essigsäureanhydrid *602* überführt. Dabei wird das Phosphoniumacetat *600* als Zwischenstufe postuliert. Über den weiteren vorgeschlagenen Reaktionsmechanismus vgl. l. c. 186.

$$\left[(C_6H_5)_3\overset{\oplus}{P}-\underset{\underset{R^1}{\overset{|}{C=O}}}{\overset{\overset{H}{\overset{|}{}}}{\underset{|}{C}}}-R \right] Cl^{\ominus} \; \xrightarrow[\substack{-CH_3COOH \\ 593}]{591} \; \left[(C_6H_5)_3\overset{\oplus}{P}-\underset{\underset{R^1}{\overset{|}{C=O}}}{\overset{\overset{Cl}{\overset{|}{}}}{\underset{|}{C}}}-R \right] \overset{\ominus}{|O}-\underset{\underset{O}{\|}}{C}-CH_3 + 594$$

$$599 \qquad\qquad\qquad\qquad 600$$

$$\Big\downarrow 593$$

$$(CH_3-CO)_2O \; + \; R-\underset{\underset{H}{\overset{|}{}}}{\overset{\overset{Cl}{\overset{|}{}}}{C}}-\underset{\underset{O}{\|}}{C}-R^1 \; + \; OP(C_6H_5)_3$$

$$602 \qquad\qquad 601$$

3. Synthese von Rhodanallenen und β-Acetylen-senfölen

Aus Phosphoniumrhodaniden der allgemeinen Struktur *603* (R = Alkyl) und Bleitetraacetat *591* erhält man Rhodanallene *606*, die sich in die β-Acetylen-senföle *607* umlagern können [186,187].

$$
\left[(C_6H_5)_3 \overset{\oplus}{P} - \underset{\underset{O}{\overset{|}{\underset{\|}{C}}-CH}}{\overset{R}{\underset{|}{C}}-H} \hspace{0.3em} \substack{R^1 \\ \diagdown \\ R^2} \right] \overset{\ominus}{SCN} \xrightarrow[591]{Pb(OCOCH_3)_4} \left[(C_6H_5)_3 \overset{\oplus}{P} - \underset{\underset{O}{\overset{|}{\underset{\|}{C}}-CH}}{\overset{R}{\underset{|}{C}}-SCN} \hspace{0.3em} \substack{R^1 \\ \diagdown \\ R^2} \right] \overset{\ominus}{\underset{\|}{\underset{O}{|O-C-CH_3}}}
$$

$$603 \hspace{10em} 604$$

$$
604 \xrightarrow{\overset{-HOC-CH_3}{\underset{O}{\|}}} (C_6H_5)_3 \overset{\oplus}{P} - \underset{\underset{\ominus}{\overset{|}{|O}}-C=C\substack{R^1 \\ \diagdown \\ R^2}}{\overset{R}{\underset{|}{C}}-SCN} \xrightarrow{-OP(C_6H_5)_3} \substack{R \\ \diagdown \\ NCS} C=C=C \substack{R^1 \\ \diagdown \\ R^2}
$$

$$605 \hspace{20em} 606$$

$$
R-C\equiv C-C\underset{\underset{N=C=S}{\overset{|}{}}}{\substack{R^1 \\ \diagdown \\ R^2}}
$$

$$607$$

Es wird angenommen, daß aus *603* und *591* das α-Rhodan-β-carbonyl-phosphoniumacetat *604* entsteht. Das Acetatanion eliminiert aus der γ-Stellung zum Phosphor ein Proton unter Bildung von Essigsäure und einem Betain *605*, das nach bekanntem Vorbild [75]) Phosphinoxid unter Bildung des Rhodan-allenderivates *606* abspaltet. *606* kann sich in das β-Acetylen-senföl-derivat *607* umlagern. Gruppen R mit +I-Effekt und mit R¹=R²=H fördern die Umlagerung, Reste mit —I-Effekt verzögern den Übergang *606* → *607* [187,188].

K. Darstellung und Reaktionen kumulierter Phosphinalkylene

I. Einleitung

In den letzten Jahren haben kumulierte Ylide vom allgemeinen Typ $(C_6H_5)_3P=C=C<$ zunehmend an Interesse gewonnen. Über Darstellung und Reaktion der Phosphinalkylene *608* bis *611* wurde jüngst zusammenfassend berichtet [189]. Es sei daher hier nur über zwei weitere Vertreter dieser interessanten Verbindungsklasse referiert.

$$(C_6H_5)_3P=C=C=O$$
608

$$(C_6H_5)_3P=C=C=S$$
609

$$(C_6H_5)_3P=C=C=N-R$$
610

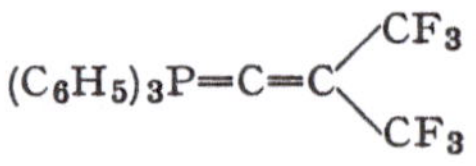

$$(C_6H_5)_3P=C=C{<}^{CF_3}_{CF_3}$$
611

II. Darstellung weiterer kumulierter Phosphinalkylene

Die Dibromverbindung *612* reagiert mit Triphenylphosphin zum Phosphoniumsalz *613*, das mit überschüssigem Pyridin oder Triäthylamin in Acetonitril zunächst in das Salz *614* und dann in das kumulierte Ylid *615* überführt wird [190]:

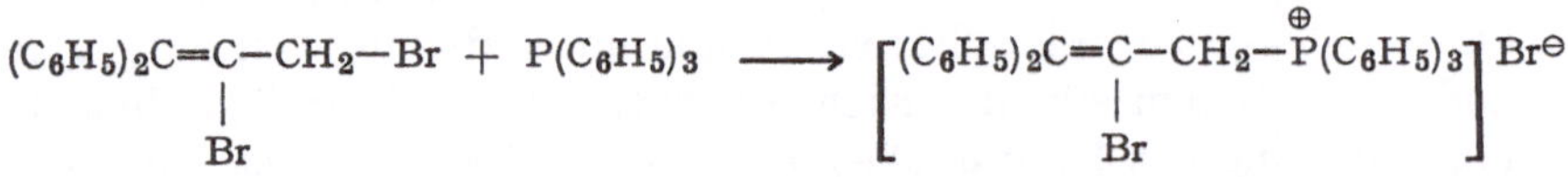

$$(C_6H_5)_2C=C-CH_2-Br \ + \ P(C_6H_5)_3 \longrightarrow \left[(C_6H_5)_2C=C-CH_2-\overset{\oplus}{P}(C_6H_5)_3 \right] Br^\ominus$$
$$\underset{Br}{|} \qquad\qquad\qquad\qquad\qquad\qquad \underset{Br}{|}$$
612   *613*

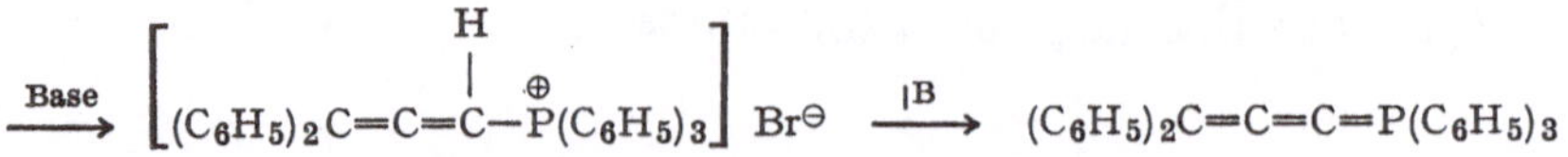

$$\overset{\text{Base}}{\longrightarrow} \left[(C_6H_5)_2C=C=\overset{H}{\underset{}{\overset{|}{C}}}-\overset{\oplus}{P}(C_6H_5)_3 \right] Br^\ominus \overset{|B}{\longrightarrow} (C_6H_5)_2C=C=C=P(C_6H_5)_3$$
614   *615*

Aus dem Phosphinalkylen *252* erhält man nach der unter E.II.6. beschriebenen Methode mit Triäthyloxoniumtetrafluoroborat *103* das Phosphoniumtetrafluoroborat *616*, das mit Natriumamid in das gelbe kumulierte Phosphinalkylen *617* verwandelt werden kann [58].

$$
\begin{array}{c}
\text{H} \diagdown \overset{\displaystyle \text{O}}{\underset{\displaystyle \parallel}{\text{C}}} \\
\text{C} - \overset{\parallel}{\text{C}} - \text{OC}_2\text{H}_5 \ + \ [(\text{C}_2\text{H}_5)_3\overset{\oplus}{\text{O}}] \ \ \text{BF}_4^{\ominus} \ \longrightarrow \\
\parallel \\
\text{P}(\text{C}_6\text{H}_6)_3
\end{array}
$$

$$\qquad\qquad 252 \qquad\qquad\qquad\qquad 103$$

$$
\left[
\begin{array}{c}
\text{H} \diagdown \qquad \diagup \text{OC}_2\text{H}_5 \\
\text{C} = \text{C} \\
\diagdown \text{OC}_2\text{H}_5 \\
| \\
(\text{C}_6\text{H}_5)_3 \ \text{P}_{\oplus}
\end{array}
\right] \text{BF}_4^{\ominus}
\ \xrightarrow{\text{NaNH}_2} \ (\text{C}_6\text{H}_5)_3\text{P} = \text{C} \diagup \text{OC}_2\text{H}_5 \diagdown \text{OC}_2\text{H}_5
$$

$$\qquad\qquad\qquad 616 \qquad\qquad\qquad\qquad\qquad\qquad 617$$

III. Reaktionen kumulierter Phosphinalkylene

1. Synthese von Kumulenen und deren Dimeren

Das Ylid *615* setzt sich mit aromatischen Aldehyden *618* zu Butatrienen *619* um [190].

$$(\text{C}_6\text{H}_5)_2\text{C} = \text{C} = \text{C} = \text{P}(\text{C}_6\text{H}_5)_3 \ + \ \text{ArCHO} \ \longrightarrow \ (\text{C}_6\text{H}_5)_2\text{C} = \text{C} = \text{C} = \text{C} \diagup^{\text{H}}_{\diagdown \text{Ar}}$$

$$\qquad 615 \qquad\qquad\qquad 618 \qquad\qquad\qquad\qquad 619$$

$$\underset{620}{(\text{C}_6\text{H}_5)_2\text{C}=\text{C}=\text{O}} \qquad\qquad \underset{621}{\text{CH}_3\text{N}=\text{C}=\text{O}} \qquad \begin{array}{c}\text{Ar} = \text{p}-\text{NO}_2 \cdot \text{C}_6\text{H}_4 \\ 3,4\text{-Cl}_2\text{C}_6\text{H}_3\end{array}$$

$$\underset{622}{(\text{C}_6\text{H}_5)_2\text{C}=\text{C}=\text{C}=\text{C}=\text{C}(\text{C}_6\text{H}_5)_2} \qquad\qquad \underset{623}{\text{C}_6\text{H}_5\text{C}=\text{C}=\text{C}=\text{N}-\text{CH}_3}$$

$$\downarrow \qquad\qquad\qquad\qquad\qquad\qquad\qquad\qquad \downarrow \text{H}_2\text{O}$$

$$\text{Dimeres} \qquad\qquad\qquad\qquad (\text{C}_6\text{H}_5)_2\text{C}=\text{C}=\text{CH}-\overset{\displaystyle\text{O}}{\underset{\displaystyle\parallel}{\text{C}}}-\text{NHCH}_3$$

$$\qquad\qquad\qquad\qquad\qquad\qquad\qquad\qquad 624$$

Mit Diphenylketen *620* und *615* bildet sich das Tetraphenylpenta-tetraen *622* [191)], das unter den Reaktionsbedingungen in sein Dimeres [192)] übergeht [190)]. Mit Methylisocyanat *621* entsteht aus *615* das kumu-lierte Ketenimin *623*, das bei der Aufarbeitung mit Wasser das Allen-derivat *624* liefert [190)].

Das Ylid *617* und Fluorenon *625* reagieren zum Allen *626*, das nur als sein Dimeres *627* gefaßt werden kann [193)].

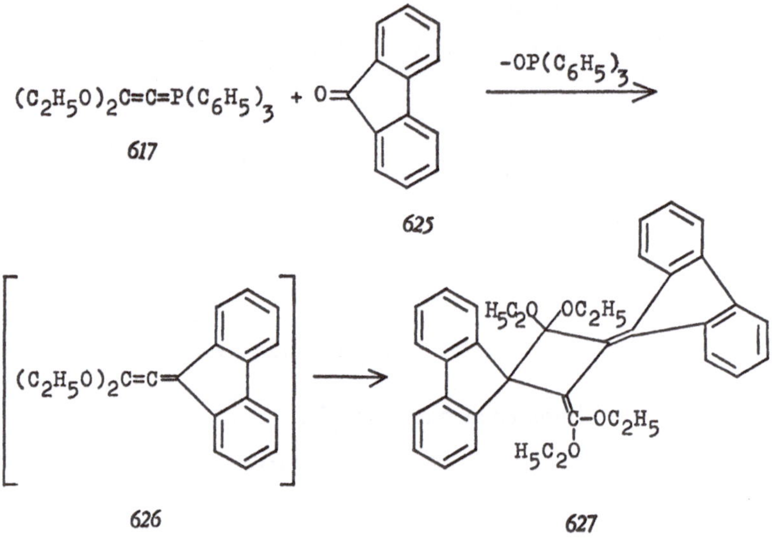

$$(C_2H_5O)_2C=C=P(C_6H_5)_3 \; + \; O= \qquad \xrightarrow{-OP(C_6H_5)_3}$$

617

625

$$\left[(C_2H_5O)_2C=C= \right] \longrightarrow$$

626

627

H$_5$C$_2$O   OC$_2$H$_5$

C-OC$_2$H$_5$

H$_5$C$_2$O

2. Synthese von γ,δ-ungesättigten 1.3-Dicarbonylverbindungen

Ketone *628*, die in α-Stellung zur Carbonylgruppe eine Methylengruppe tragen, reagieren mit dem Ylid *617* ausschließlich unter Michael-Addition und anschließender Äthanolabspaltung zu den stabilen Phosphin-alkylenen *629* [193)].

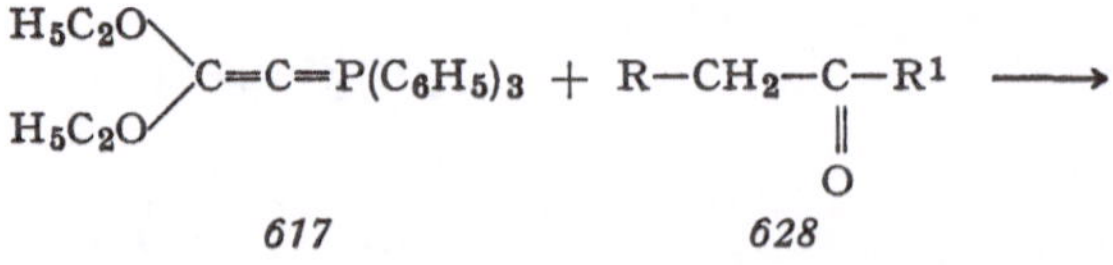

$$\begin{array}{c} H_5C_2O \\ {}^{\diagdown} \\ {}^{\diagup} \\ H_5C_2O \end{array} C=C=P(C_6H_5)_3 \; + \; R-CH_2-\underset{\underset{O}{\|}}{C}-R^1 \longrightarrow$$

617

628

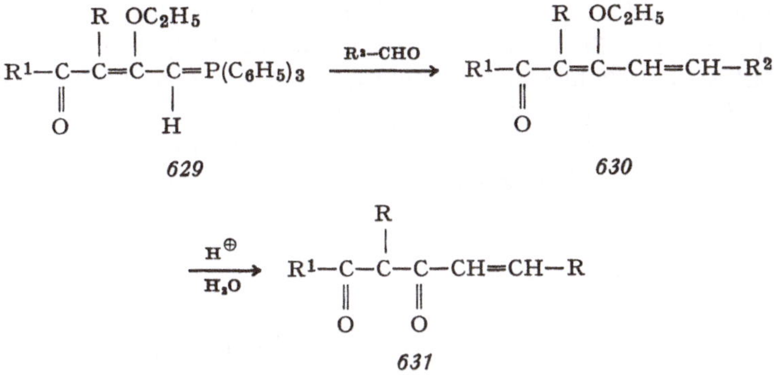

$$R^1-\underset{\underset{O}{\|}}{C}-\underset{\underset{H}{|}}{\overset{\overset{R}{|}}{C}}=\overset{\overset{OC_2H_5}{|}}{C}-C=P(C_6H_5)_3 \xrightarrow{R^2-CHO} R^1-\underset{\underset{O}{\|}}{C}-\overset{\overset{R}{|}}{C}=\overset{\overset{OC_2H_5}{|}}{C}-CH=CH-R^2$$

629   630

$$\xrightarrow[H_2O]{H^\oplus} R^1-\underset{\underset{O}{\|}}{C}-\overset{\overset{R}{|}}{C}-\underset{\underset{O}{\|}}{C}-CH=CH-R$$

631

Die Verbindungen 629 gehen mit Aldehyden Wittig-Reaktionen zu den Enoläthern 630 von 1.3-Dioxo-4-pentenen ein, die mit Säuren in die freien γ,δ-ungesättigten 1.3-Dicarbonylverbindungen 631 überführt werden können [193].

An 617 lassen sich in analoger Weise eine Reihe von CH-aziden Verbindungen unter Abspaltung von Alkohol zu neuen stabilen Yliden addieren, z.B. Fluoren, Inden, Nitromethan, Acetonitril und Benzylcyanid [194].

3. Reaktionen des 2.2-Diäthoxyvinyliden-triphenylphosphorans mit Verbindungen, die Doppelbindungen enthalten.

Das Ylid 617 reagiert mit Verbindungen, die Doppelbindungen enthalten, anders als die bisher besprochenen Phosphinalkylene [195]. Über Bindungsprobleme von 617 soll an anderer Stelle berichtet werden. Diese Reaktionen haben Ähnlichkeit mit denen der kumulierten Ylide 608 bis 610.

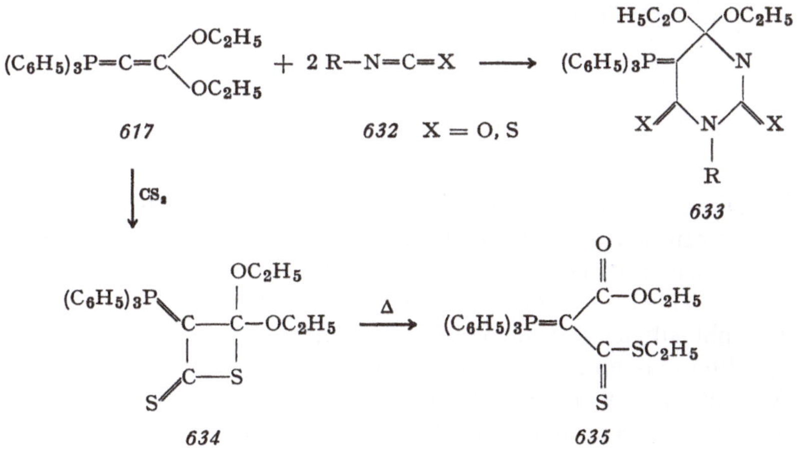

$$(C_6H_5)_3P=C=C\begin{smallmatrix} OC_2H_5 \\ \\ OC_2H_5 \end{smallmatrix} + 2\,R-N=C=X \longrightarrow$$

617   632   X = O, S

633

634   635

Aus *617* und zwei Mol Isocyanaten *632* (X = O) oder Isothiocyanaten *632* (X = S) erhält man die Cycloadditionsprodukte *633* [195].

Mit Schwefelkohlenstoff entsteht aus *617* das cyclische Ylid *634*, das sich beim Erwärmen in *635* umlagert [195].

Mit CO_2 bildet sich ein Betain *636*, das thermisch in das stabile Phosphinalkylen *637* übergeht [195].

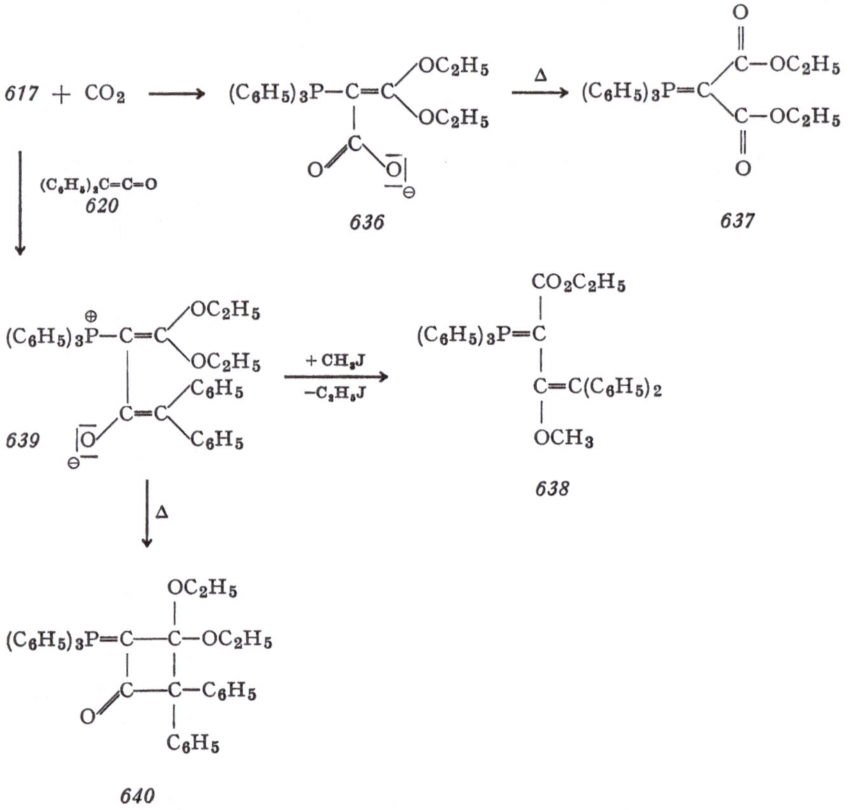

Diphenylketen *620* lagert sich an *617* zum Betain *639* an, das beim Erwärmen den Ring zu *640* schließt. Aus *639* entsteht mit Methyljodid unter gleichzeitiger Abspaltung von Äthyljodid das Ylid *638* [195].

Schließlich gehen *617* und Benzonitriloxid *641* eine Cycloaddition zum Phosphinalkylen *642* ein, das mit Methyljodid am N-Atom unter Bildung des Phosphoniumsalzes *643* alkyliert wird und das mit Wasser unter Abspaltung von Triphenylphosphinoxid und Äthanol das 3-Phenyl-5-äthoxy-4 H-isooxazol *644* liefert.

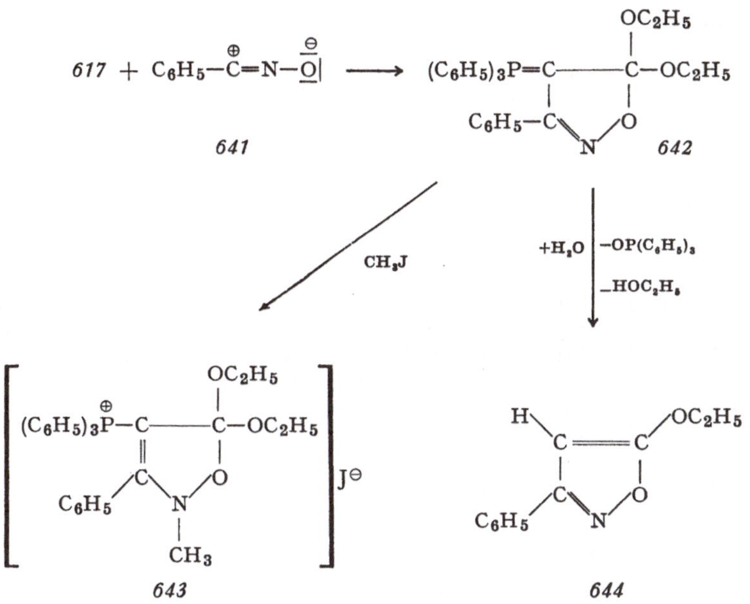

$$617 \; + \; C_6H_5-\overset{\oplus}{C}=N-\overset{\ominus}{\underline{O}}| \quad \longrightarrow \quad (C_6H_5)_3P=C{\underset{\underset{N}{\overset{\displaystyle |}{C_6H_5-C}}}{\overline{}}}\overset{\displaystyle OC_2H_5}{\underset{\underset{O}{}}{\overset{\displaystyle |}{C-OC_2H_5}}}$$

641   642

CH₃J   +H₂O $\;\Big|\; $ −OP(C₆H₅)₃

−HOC₂H₅

$$\left[(C_6H_5)_3\overset{\oplus}{P}-C{\overline{}}\overset{\displaystyle OC_2H_5}{\underset{}{\overset{\displaystyle |}{C-OC_2H_5}}} \right] J^{\ominus}$$

643   644

Rückblickend darf man feststellen, daß die früher [1] und hier aufgezeigte Vielfalt der Reaktionsmöglichkeiten der Phosphinalkylene denen der Grignardverbindungen gleichkommt oder sie gar übertrifft. Auch in Zukunft sind weitere theoretisch und präparativ interessante Umsetzungen dieser Verbindungen mit nucleophilen Reaktionspartnern zu erwarten.

Der eine von uns (H. J. Bestmann) dankt seinen in den Zitaten genannten zahlreichen Mitarbeitern für ihre ausgezeichnete Teamarbeit in Experimenten und Diskussionen, ohne die viele der hier angeführten Ergebnisse nicht zustande gekommen wären.

L. Literatur

[1] Bestmann, H. J.: Angew. Chem. 77, 609, 651, 850 (1965). Zusammen erschienen in: Neuere Methoden der präparativen organischen Chemie, Band V. Weinheim, Bergstr.: Verlag Chemie 1967. Es sei weiterhin verwiesen auf das ausgezeichnete Buch von Johnson, A. W.: Ylid Chemistry. New York–London: Academic-Press 1966.

[2] — Chem. Ber. *95*, 58 (1962).

[3] — Snyder, J. P.: J. Am. Chem. Soc. 89, 3936 (1967);
[b] — Liberda, H. G., Snyder, J. P.: J. Am. Chem. Soc. *90*, 2963 (1968);
[c] Schmidbaur, H., Tronich, W.: Chem. Ber. *101*, 604 (1968);
[d] Crews, P.: J. Am. Chem. Soc. *90*, 2961 (1968);
[e] Randall, F. J., Johnson, A. W.: Tetrahedron Letters *1968*, 2841.
[f] Liberda, H. G.: Dissertation Universität Erlangen-Nürnberg 1968.
[g] Von Interesse sind in diesem Zusammenhang auch die Untersuchungen von Seyferth, D., Hughes, W. B., Heeren, J. K.: J. Am. Chem. Soc. *87*, 2847 (1965).

[4] Hoffmann, R., Boyd, D. B., Goldberg, S. Z.: J. Am. Chem. Soc. *92*, 3929 (1970);
[b] Hoffmann, R., Boyd, D. B.: im Druck.

[5] Freyschlag, H., Grassner, H., Nürrenbach, A., Pommer, H., Reif, W., Sarnecki, W.: Angew. Chem. 77, 277 (1965).

[6] Bestmann, H. J., Schnabel, K. H.: Liebigs Ann. Chem. *698*, 106 (1966).

[7] Klamann, D., Weyerstahl, P.: Chem. Ber. *97*, 2534 (1964).

[8] Fliszár, S., Hudson, R. F., Salvadori, G.: Helv. Chim. Acta *46*, 1580 (1963).

[9] Bestmann, H. J., Hartung, H., Pils, I.: Angew. Chem. 77, 1011 (1965).

[10] — Denzel, Th.: Tetrahedron Letters *1966*, 3591.

[11] — — Kunstmann, R., Lengyel, J.: Tetrahedron Letters *1968*, 2895.

[12] Schweizer, E. E., Berninger, C. I., Thompson, J. G.: J. Org. Chem. *33*, 336 (1968).

[13] — Bach, R. D.: J. Org. Chem. *29*, 1746 (1964).

[14] Zbiral, E., Werner, E.: Liebigs Ann. Chem. *707*, 130 (1967). — Rasberger, M., Zbiral, E.: Monatsh. Chem. *100*, 64 (1969).

[15] — Berner-Fenz, L.: Monatsh. Chem. *98*, 666 (1967).

[16] Conia, J. M., Limasset, J. C.: Bull. Soc. Chim. France *1967*, 1936.

[17] Bestmann, H. J., Stransky, W.: unveröffentlicht.

[18] — Liberda, H. G.: unveröffentlicht.

[19] Schmidbaur, H., Tronich, W.: Angew. Chem. *79*, 412 (1967); Chem. Ber. *101*, 595 (1968).

[20] Vgl. Schmidbaur, H., Malisch, W.: Chem. Ber. *103*, 3007 (1970).

[21] Köster, R., Simić, D., Grassberger, M. A.: Liebigs Ann. Chem. *739*, 211 (1970).

[22] Bestmann, H. J., Schöpf, N.: unveröffentlicht.

[23] Schiemenz, G. P., Becker, J., Stöckigt, J.: Chem. Ber. *103*, 2077 (1970).

[24] Vgl. l. c. [1], S. 613 Zitat 23 und 24.

[25] Burton, D. J., Krutzsch, H. C.: Tetrahedron Letters *1968*, 871. — Fuqua, S. A. Duncan, W. G., Silvester, R. M.: J. Org. Chem. *30*, 1027 (1965).

[26] Lemal, D. M., Banitt, E. H.: Tetrahedron Letters *1964*, 245.

[27] Lloyd, D., Singer, M. J. C., Regitz, M., Liedhegener, A.: Chem. Ind. (London) *1967*, 324. — Regitz, M., Liedhegener, A.: Tetrahedron *23*, 2701 (1967).

[28] Aksnes, G.: Acta Chem. Scand. *15*, 692 (1961). — Hudson, R. F., Chopard, P. A.: Helv. Chim. Acta *46*, 2178 (1963). — Osuch, C., Franz, J. E., Zienty, F. B.: J. Org. Chem. *29*, 3721 (1964). — Hedaya, E., Theodopulus, S.: Tetrahedron *24*, 2241 (1968).

[29] Ramirez, F., Mandan, V. P., Smith, C. P.: Tetrahedron Letters *1965*, 201; Tetrahedron *22*, 567 (1966).

[30] Bestmann, H. J., Häberlein, H., Pils, I.: Tetrahedron *20*, 2079 (1964).

[31] Shono, T., Mitani, M.: J. Am. Chem. Soc. *90*, 2728 (1966).

[32] Bestmann, H. J., Vilsmaier, E., Graf, G.: Liebigs Ann. Chem. *704*, 109 (1967).

[33] Zur Elektrolyse von Phosphoniumsalzen vgl. Horner, L., Mentrup, A.: Liebigs Ann. Chem. *646*, 65 (1961) und l. c. [31].

[34] Zur alkalischen Hydrolyse von Phosphoniumsalzen sowie zur Hydrolyse von Phosphinalkylenen vgl. l. c. [1]. Dort weitere Literaturangaben.

[35] Bestmann, H. J., Vilsmaier, E.: unveröffentlicht.

[36] Zum Mechanismus des Hofmann-Abbaues von Phosphoniumsalzen vgl. l. c. [30].

[37] Bestmann, H. J., Rostock, K., Dornauer, H.: Angew. Chem. *78*, 335 (1966).

[38] — Dornauer, H., Rostock, K.: Chem. Ber. *103*, 685 (1970).

[39] — — — Liebigs Ann. Chem. *735*, 52 (1970).

[40] — — — Chem. Ber. *103*, 2011 (1970).

[41] Grell, W., Machleidt, H.: Liebigs Ann. Chem. *693*, 134 (1966).

[42] Ramirez, F., Dershowitz, S.: J. Org. Chem. *22*, 41 (1957).

[43] Grigorenko, A. A., Shewtshuk, M. J., Dombrowski, A. W.: J. Allgem. Chem. *36*, 506 (1966); C. A. *65*, 737g (1966).

[44] Dombrowski, A. W., Listban, W. N., Grigorenko, A. A., Shewtshuk, M. J.: J. Allgem. Chem. *36*, 1421 (1966); C. A. *66*, 11004h (1967).

[45] Ramirez, F., Madan, O. P., Smith, C. P.: Tetrahedron *22*, 567 (1966).

[46] Chopard, P. A., Searle, R. J. G., Devitt, F. H.: J. Org. Chem. *30*, 1015 (1965).

[47] Vgl. auch Simalty-Siemiatýcki, M., Strzelecka, H.: Compt. Rend. *250*, 3489 (1960).

[48] Bestmann, H. J., Graf, G., Hartung, H.: Liebigs Ann. Chem. *706*, 68 (1967).

[49] — Seng, F., Schulz, H.: Chem. Ber. *96*, 465 (1963).

[50] Pettit, G. R., Green, B., DasGupta, A. K., Whitehouse, P. A., Yardley, J. P.: J. Org. Chem. *35*, 1381 (1970).

[51] Bestmann, H. J., Arnason, B.: Chem. Ber. *95*, 1513 (1962).

[52] Werner, E., Zbiral, E.: Angew. Chem. *79*, 899 (1967).

[53] Bestmann, H. J., Popp, J., Schmid, G.: unveröffentlicht.

[54] Vgl. 1 Beispiel bei Bestmann, H. J., Seng, F.: Tetrahedron *21*, 1373 (1965).

[55] Bestmann, H. J., Popp, J., Berthold, J., Seng, F., Schmid, G.: unveröffentlicht.

[56] — Schmid, G.: unveröffentlicht.

[57] — Schulz, H.: Chem. Ber. *95*, 2921 (1962).

[58] — Saalfrank, R. W., Snyder, J. P.: Angew. Chem. *81*, 227 (1969).

[59] — Tömösközi, I.: Tetrahedron *24*, 3299 (1968).

[60] — Scholz, H., Kranz, E.: Angew. Chem. *82*, 808 (1970).

[61] Ugi, I.: Z. Naturforsch. *20b*, 405 (1966).

[62] Ruch, E., Ugi, I.: Theoret. Chim. Acta *4*, 287 (1966).

[63] — — Top. Stereochem. *4*, 99 (1969).

[64] — Theoret. Chim. Acta *11*, 183 (1968).

65) Peerdeman, A. F., Holst, J. P. C., Horner, L., Winkler, H.: Tetrahedron Letters *1965*, 811.
66) Zbiral, E.: Tetrahedron Letters *1965*, 1483.
67) Listvan, V. N., Dombrowski, A. V.: J. Allgem. Chem. *38*, 6014 (1968); C. A. *69*, 43979t (1968).
68) Chopard, P. A.: J. Org. Chem. *31*, 107 (1966).
69) Vgl. a) Märkl, G.: Chem. Ber. *94*, 3005 (1961); b) Gough, S. T. D., Trippett, S.: J. Chem. Soc. *1962*, 2333.
70) Chopard, P. A.: Helv. Chim. Acta *50*, 1016 (1967).
71) Bestmann, H. J., Vilsmaier, E., Hartung, H.: unveröffentlicht.
72) Chopard, P. A., Searle, R. J. G., Devitt, F. H.: J. Org. Chem. *30*, 1015 (1965).
73) Pappas, J. J., Gaucher, E.: J. Org. Chem. *31*, 1287 (1967).
74) Trippett, S., Walker, J.: J. Chem. Soc. *1959*, 3874.
75) Bestmann, H. J., Hartung, H.: Chem. Ber. *99*, 1198 (1966).
76) — Graf, G., Hartung, H.: Angew. Chem. *77*, 620 (1965).
77) — — — Kolewa, S., Vilsmaier, E.: Chem. Ber. *103*, 2794 (1970).
78) — Schulz, H.: Angew. Chem. *73*, 27 (1961); Liebigs Ann. Chem. *674*, 11 (1964).
79) Tömösközi, I., Bestmann, H. J.: Tetrahedron Letters *1964*, 1293. Die dort abgeleitete absolute Konfiguration der Allencarbonsäuren ist zu revidieren. — Bestmann, H. J., Tömösközi, I., Scholz, H.: unveröffentlicht.
80) Wittig, G., Haag, A.: Chem. Ber. *96*, 1535 (1963).
81) Bestmann, H. J., Liberda, H. G., Salbaum, H.: unveröffentlicht.
82) — Salbaum, H.: unveröffentlicht.
83) — Vilsmaier, E., Biedermann, W.: unveröffentlicht.
84) Mondon, A.: Liebigs Ann. Chem. *603*, 115 (1957).
85) Friedrich, K., Henning, H.: Chem. Ber. *92*, 2756 (1959).
86) Bestmann, H. J., Häberlein, H.: Z. Naturforsch. *17b*, 787 (1962).
87) — Härtl, R., Häberlein, H.: Liebigs Ann. Chem. *718*, 33 (1968).
88) — Häberlein, H., Eisele, W.: Chem. Ber. *99*, 28 (1966).
89) a) — Kranz, E.: Angew. Chem. *79*, 95 (1967);
    b) — — Chem. Ber. *102*, 1803 (1969).
90) — Kratzer, O.: Chem. Ber. *96*, 1899 (1963).
91) — Heid, H. A.: Angew. Chem., im Druck.
92) — Hofmann, G., Kranz, E.: unveröffentlicht.
93) — Ruppert, D.: Angew. Chem. *80*, 668 (1968).
94) Denney, D. B., Ross, S. T.: J. Org. Chem. *27*, 898 (1962).
95) Märkl, G.: Chem. Ber. *94*, 2996 (1961); *95*, 3003 (1965).
96) Über Bromierungen und Jodierungen vgl. l. c. 94), 95); über Jodierungen mit BrJ vgl. Grigorenko, A., Shewtshuk, M. J., Dombrowski, A. V.: Z. Allgem. Chem. *36*, 1121 (1966); C. A. *65*, 12230d (1966).
97) Bestmann, H. J., Armsen, R.: Synthesis *1970*, 590.
98) Zbiral, E., Rasberger, M.: Tetrahedron *25*, 1871 (1969).
99) Shewtshuk, M. J., Grigorenko, A. A., Dombrowski, A. V.: Z. Allgem. Chem. *35*, 2216 (1965); C. A. *64*, 11243 (1966).
100) Martin, D., Niclas, H. J.: Chem. Ber. *100*, 187 (1967).
101) Bestmann, H. J., Pfohl, S.: unveröffentlicht; Pfohl, S.: Diplomarbeit Universität Erlangen-Nürnberg 1967.
102) Akiba, K., Eguchi, C., Inamoto, N.: Bull. Chem. Soc. Jap. *40*, 2983 (1967); C. A. *68*, 78370u (1968).
103) Zbiral, E., Fenz, L.: Monatsh. Chem. *96*, 1983 (1965).
104) Nürrenbach, A., Pommer, H.: Liebigs Ann. Chem. *721*, 34 (1969).
105) — unveröffentlicht.

106) Zbiral, E., Berner-Fenz, L.: Tetrahedron *24*, 1363 (1968).

107) Mukaiyama, T., Fukuyama, S., Kumamoto, T.: Tetrahedron Letters *1968*, 3787.

108) Saikachi, H., Nakamura, S.: Yakugaku Zasshi (Japan) *88*, 715 (1968).

109) Petragnani, N., Campos, M.: Chem. Ind. (London) *1964*, 1461.

110) a) Saikachi, H., Nakamura, N.: Yukugaku Zasshi (Japan) *88*, 1039 (1968);
    b) Zur Umsetzung von Yliden mit Methansulfonylchlorid und das Auftreten von Sulfenen vgl. dto. Okano, Y., M., Oda, R.: Tetrahedron *23*, 2137 (1967).

111) Seyferth, D., Singh, G.: J. Am. Chem. Soc. *87*, 4156 (1965).

112) Schmidbaur, H., Tronich, W.: Chem. Ber. *100*, 1032 (1967).

113) Miller, N. E.: J. Am. Chem. Soc. *87*, 390 (1965); Inorg. Chem. *4*, 1458 (1965).

114) Schmidbaur, H., Tronich, W.: Chem. Ber. *101*, 3545 (1968).

115) Über weitere Silylübertragungs- und Umlagerungsreaktionen bei Phosphinalkylenen vgl. Schmidbaur, H., Malisch, W.: Chem. Ber. *102*, 83 (1969); *103*, 3448 (1970).

116) Schmidbaur, H., Malisch, W.: Chem. Ber. *103*, 97 (1970).

117) Issleib, K., Lindner, R.: Liebigs Ann. Chem. *689*, 40 (1966).

118) − − Liebigs Ann. Chem. *713*, 12 (1968).

119) − Lieschewski, M.: J. Prakt. Chem. *311*, 857 (1969).

120) − Lindner, R.: Liebigs Ann. Chem. *707*, 112 (1967).

121) Jones, G. H., Moffatt, J. G.: Tetrahedron Letters *1968*, 5731.

122) Zbiral, E., Hengstberger, H.: Liebigs Ann. Chem. *721*, 121 (1969).

123) Strandtmann, M. P., Cohen, C., Puchalski, C., Shavel, J.: J. Org. Chem. *33*, 4306 (1968).

124) Schlosser, M., Christmann, K. F.: Liebigs Ann. Chem. *708*, 1 (1967).

125) − Müller, G., Christmann, G. F.: Angew. Chem. *78*, 677 (1966).

126) − Christmann, K. F.: Angew. Chem. *78*, 115 (1966).

127) Bestmann, H. J., Lienert, J.: Angew. Chem. *81*, 751 (1969).

128) Rüchardt, C., Eichler, S., Panse, P.: Angew. Chem. *75*, 858 (1963); Chem. Ber. *100*, 1144 (1967).

129) Bestmann, H. J., Lienert, J.: Chemiker-Ztg. *94*, 487 (1970).

130) − Schulz, H.: Chem. Ber. *92*, 530 (1959).

131) Vgl. − Kunstmann, R., Schulz, H.: Liebigs Ann. Chem. *699*, 33 (1966).

132) − Schulz, H., Kunstmann, R., Rostock, K.: Chem. Ber. *99*, 1906 (1966).

133) Vgl. u. a. Schweizer, E. E., O'Neill, G. J.: J. Org. Chem. *30*, 2082 (1965). − Schweizer, E. E., Light, K. K.: J. Org. Chem. *31*, 870 (1966). −Schweizer, E. E., Smucker, L. D.: J. Org. Chem. *31*, 3146 (1966). − Schweizer, E. E., Liehr, J., Monaco, D. J.: J. Org. Chem. *33*, 2416 (1968). − Schweizer, E. E., Liehr, J. G.: J. Org. Chem. *33*, 583 (1968).

134) Über die Reaktion von Hexaphenylcarbodiphosphoran mit CO_2 berichten Mathews, C. N., Driscoll, J. S., Birum, G. H.: J. Chem. Soc. *1966*, 736.

135) Bestmann, H. J., Denzel, Th., Salbaum, H.: unveröffentlicht.

136) − Salbaum, H.: unveröffentlicht.

137) Schlosser, M., Christmann, K. F.: Synthesis *1*, 38 (1969).

138) a) Corey, E. J., Yamamoto, H.: J. Am. Chem. Soc. *92*, 226 (1970);
    b) − Shulman, J. J., Yamamoto, H.: Tetrahedron Letters *1970*, 447.

139) Bestmann, H. J., Engler, R., Hartung, H.: Angew. Chem. *78*, 1100 (1966).

140) − − Vilsmaier, E.: unveröffentlicht.

141) − Pfohl, S.: Angew. Chem. *81*, 750 (1969).

142) − Seng, F.: Angew. Chem. *74*, 154 (1962).

143) a) − Joachim, G.: unveröffentlicht;
    b) Joachim, G.: Dissertation Universität Erlangen-Nürnberg 1968.

Literatur

144) McClure, J. D.: Tetrahedron Letters *1967*, 2407.
145) Mechoulam, R., Sondheimer, F.: J. Am. Chem. Soc. *80*, 4386 (1958).
146) Freeman, J. P.: Chem. Ind. (London) *1959*, 1254; J. Org. Chem. *31*, 538 (1966).
147) Bergmann, E. D., Agranat, I.: J. Chem. Soc. *1968*, 1621.
148) Bestmann, H. J., Morper, H.: Angew. Chem. *79*, 578 (1967).
149) — — Distler, W.: unveröffentlicht.
150) a) Strzelecka, H.: Ann. Chim. *1966*, 201;
     b) Simalty, M., Strzelecka, H., Dupré, M.: Compt. Rend. *265*, 1284 (1967).
151) Strzelecka, H., Simalty, M., Prévost, Ch.: Compt. Rend. *258*, 6167 (1964).
152) Bestmann, H. J., Kunstmann, R.: unveröffentlicht; vgl. auch l. c. [168], [169].
153) Asunskis, J., Shechter, H.: J. Org. Chem. *33*, 1164 (1968).
154) Bestmann, H. J., Lang, H. J.: Tetrahedron Letters *1969*, 2101.
155) Über eine doppelte Wittig-Reaktion an beiden Chinon-Carbonylgruppen vgl. Sprenger, E., Ziegenbein, W.: Angew. Chem. *77*, 1011 (1965).
156) Über die Isolierung von einzelnen Chinonmethiden vgl. l. c. [154] sowie Sullivan, W. W., Ullmann, D., Shechter, H.: Tetrahedron Letters *1969*, 457.
157) Van Woerden, H. F., Cerfontain, H., Van Walkerburg, C. F.: Rec. Trav. Chim. *88*, 158 (1969).
158) Bestmann, H. J., Seng, F.: Tetrahedron *21*, 1373 (1965).
159) Oshshiro, Y., Mori, Y., Minami, T., Agave, T.: J. Org. Chem. *35*, 2076 (1970).
160) Schöllkopf, U.: Angew. Chem. *71*, 260 (1959).
161) Schönberg, A., Brosowski, K. H.: Chem. Ber. *92*, 2602 (1959).
162) Pommer, H.: Angew. Chem. *72*, 911 (1960).
163) Bestmann, H. J., Zimmermann, R.: unveröffentlicht. — Zimmermann, R.: Dissertation, Universität Erlangen-Nürnberg 1970.
164) — — Chem. Ber. *101*, 2185 (1968).
165) Brunn, E., Huisgen, R.: Angew. Chem. *81*, 534 (1969).
166) Banhardt, R. G., McEwen, W.: J. Am. Chem. Soc. *89*, 7009 (1967).
167) Ciganek, E.: J. Org. Chem. *35*, 3631 (1970).
168) Bestmann, H. J., Kunstmann, R.: Chem. Ber. *102*, 1816 (1969).
169) Huisgen, R., Wulff, J.: Chem. Ber. *102*, 1833 (1969).
170) — — Chem. Ber. *102*, 746 (1969).
171) Harvey, R.: J. Org. Chem. *31*, 1587 (1966).
172) L'abbé, G., Bestmann, H. J.: Tetrahedron Letters *1969*, 63.
173) Zbiral, E., Stroh, J.: Monatsh. Chem. *100*, 1438 (1969).
174) L'abbé, G., Ykman, P., Smets, G.: Tetrahedron *25*, 2541 (1969).
175) Wulff, J., Huisgen, R.: Chem. Ber. *102*, 1841 (1969).
176) Ein weiteres Beispiel vgl. Gerkin, R. M., Rickborn, B.: J. Am. Chem. Soc. *89*, 5850 (1967).
177) Heine, H. W., Lowrie, G. B., Irving, K. C.: J. Org. Chem. *35*, 444 (1970).
178) Henrick, C. A., Böhme, E., Edwards, J. A., Fried, J. H.: J. Am. Chem. Soc. *90*, 5926 (1968).
179) Bestmann, H. J., Häberlein, H., Wagner, H., Kratzer, O.: Chem. Ber. *99*, 2848 (1966).
180) — Pfüller, H.: unveröffentlicht.
181) — Kratzer, O.: Chem. Ber. *96*, 22 (1963). — Über die Verwendung von Schwefel anstelle von Sauerstoff zur Herstellung von Stilbenen vgl. Mägerlein, H., Meyer, G.: Chem. Ber. *103*, 2995 (1970).
182) Zbiral, E., Werner, E.: Monatsh. Chem. *97*, 1797 (1966).
183) — Rasberger, M.: Tetrahedron *24*, 2419 (1968).

140

[184] Bestmann, H. J., Armsen, R., Wagner, H.: Chem. Ber. *102*, 2259 (1969).
[185] — — unveröffentlicht.
[186] a) Zbiral, E.: Monatsh. Chem. *97*, 180 (1966);
    b) — Hengstberger, H.: Monatsh. Chem. *99*, 429 (1968).
[187] — — Monatsh. Chem. *99*, 412 (1968).
[188] Schuster, P., Zbiral, E.: Monatsh. Chem. *100*, 1338 (1969).
[189] Matthews, C. N., Birum, G. H.: Accounts Chem. Res. *2*, 373 (1969).
[190] Ratts, K. W., Partos, R. D.: J. Am. Chem. Soc. *91*, 6112 (1969).
[191] Kuhn, R., Fischer, H., Fischer, H.: Chem. Ber. *97*, 1760 (1964).
[192] Fischer, H., Fischer, H.: Chem. Ber. *97*, 3647 (1964).
[193] Bestmann, H. J., Saalfrank, R. W.: Angew. Chem. *82*, 359 (1970).
[194] — Ettlinger, M.: unveröffentlicht.
[195] — Saalfrank, R. W.: unveröffentlicht.

Eingegangen am 5. Februar 1971

SPRINGER-VERLAG
BERLIN·HEIDELBERG·NEW YORK

Sechs- und achtgliedrige Ringsysteme in der Phosphor-Stickstoff-Chemie

Von Dr. **Siegbert Pantel,** Wissenschaftlicher Assistent am Chemischen Laboratorium der Universität Freiburg/Br., und Dr. **Margot Becke-Goehring,** o. Professor an der Universität Heidelberg, Direktorin des Gmelin-Instituts für Anorganische Chemie und Grenzgebiete in der Max-Planck-Gesellschaft zur Förderung der Wissenschaften unter teilweiser Mitarbeit von Dr. **Wendel Lehr,** Akademischer Rat am Anorganisch-Chemischen Institut der Universität Heidelberg

Mit 55 Abbildungen
IX, 301 Seiten. 1969
Gebunden DM 54,—
US $ 14.90

(Anorganische und
allgemeine Chemie
in Einzel-
darstellungen
Band X)

Die Geschichte der ringförmig gebauten Phosphor-Stickstoff-Verbindungen beginnt im Jahre 1834 mit Arbeiten von Rose sowie von Liebig und Wöhler. Aber erst seit etwa 10 Jahren weiß man, daß hier eine Verbindungsklasse vorliegt, durch die neue Reaktionen zu neuen Substanzen erschlossen werden. Die Theorie der chemischen Bindung wird durch diese anorganischen Heterocyclen in gleicher Weise befruchtet wie die chemische Technik, die in steigendem Maße ihre Aufmerksamkeit nicht-brennbaren Polymeren zuwendet. Das vorliegende Buch gibt eine Übersicht über die große Menge des heute vorhandenen Informationsmaterials über die P-N-Heterocyclen. Es versucht, dieses Material zu ordnen und kritisch zu sichten in der Hoffnung, daß dadurch weitere Forschung auf diesem Gebiet befruchtet und sinnvoll gelenkt werden kann.

Fortschritte der chemischen Forschung
Topics in Current Chemistry

Herausgeber:
A. Davison · M. J. S. Dewar
K. Hafner · E. Heilbronner
U. Hofmann · K. Niedenzu
Kl. Schäfer · G. Wittig
Schriftleitung: F. Boschke

Autoren-Register

Band 11–20

Springer-Verlag Berlin Heidelberg GmbH

Abramovitch, R. A., and *Sutherland, R. G.:* Recent Aspects of the Chemistry of Sulphonyl Nitrenes. *16*, 1—34 (1970)

Baldwin, J. E., and *Fleming, R. H.:* Allene-Olefin and Allene-Allene Cycloadditions. Methylenecyclobutane and 1,2-Dimethylenecyclobutane Degenerate Rearrangements. *15*, 281—310 (1970)

Baumgärtner, F., und *Philipp, H.:* Die Wiederaufbereitung von Uran-Plutonium-Kernbrennstoffen. *12*, 712—774 (1969)

Behre, H., s. *Paulsen, H. 14*, 472—525 (1970)

Bent, H. A.: Localized Molecular Orbitals and Bonding in Inorganic Compounds. *14*, 1—48 (1970)

Bestmann, H. J., und *Zimmermann, R.:* Phosphinalkylene und ihre präperativen Aspekte. *20*, 1—141 (1971)

Beyermann, K.: Grundlagen und Arbeitstechnik der Mikrophotometrie. *11*, 473—506 (1969)

Bingham, R. C., and *Schleyer, P. v. R.:* Recent Developments in the Chemistry of Adamantane and Related Polycyclic Hydrocarbons. *18*, 1—102 (1971)

Bokranz, A., und *Plum, H.:* Technische Herstellung und Verwendung von Organozinnverbindungen. *16*, 365—403 (1970)

Breusch, F. L.: Homologe und isomere Reihen. *12*, 119—184 (1969)

Brimacombe, J. S.: Some Recent Neighbouring-Group Participation and Rearrangement Reactions of Carbohydrates. *14*, 367—388 (1970)

Černý, M., und *Staněk, J.:* 1,6-Anhydroaldohexopyranosen. — Darstellung, Eigenschaften und Verwendung für Synthesen. *14*, 526—555 (1970)

Cornils, B., s. *Falbe, J. 11*, 101—145 (1968)

Demtröder, W.: Spectroscopy with Lasers. *17*, 1—95 (1971)

Demus, D., s. *Sackmann, H. 12*, 349—386 (1969)

Dimroth, K., s. *Reichardt, Ch. 11*, 1—73 (1968)

Ebel, H. F.: Struktur und Reaktivität von Carboanionen und carbanionoiden Verbindungen. *12*, 387—439 (1969)

Ehmann, W. D.: Non-Destructive Techniques in Activation Analysis. *14*, 49—91 (1970)

Emig, G.: Diffusion und Reaktion in porösen Kontakten. *13*, 451—558 (1970)

Falbe, J., und *Cornils, B.:* Oxo-Alkohole als Lösungsmittel. *11*, 101—145 (1968)

Ferrier, R. J.: Newer Observations on the Synthesis of O-Glycosides. *14*, 389—429 (1970)

Firl, J., s. *Kresze, G.: 11*, 245—284 (1969)

Fleming, R. H., s. *Baldwin, J. E. 15*, 281—310 (1970)

Fluck, E., und *Novobilsky, V.:* Die Chemie des Phosphins. *13*, 125—166 (1969)

3